"十二五"职业教育国家规划教材
经全国职业教育教材审定委员会审定

互动媒体

项目教学实战

戴红 陈金梅 ◎编著

U0310183

THE INTERACTIVE
MEDIA

MATHEMATICS
PROJECT ACTUAL COMBAT

中国纺织出版社

内 容 提 要

　　本书推介的"A、B双轨交互并行项目教学模式"是依据作者亲身的研究试验成果编写，借助完整的实战解析，为国内高职院校互动媒体设计相关专业的项目教学提供一套更为切实有效的实践模式。

　　全书共列举了一个完整项目运作流程中的17个任务，也是本书的主体，呈现了从教学准备到总结评估的全过程，包括其间所有重要的会议议程、纪要、方案、作品和各类表单等管理文件，使读者能更为透彻地理解，便于在实际工作中借鉴与使用。

　　读者对象指向专业教师、学生以及欲从事项目实施的专业人员。

图书在版编目（CIP）数据

互动媒体项目教学实战 / 戴茁，陈金梅编著. —北京：中国纺织出版社，2015.10

"十二五"职业教育国家规划教材

ISBN 978-7-5180-1183-4

Ⅰ.①互…　Ⅱ.①戴…　②陈…　Ⅲ.①多媒体技术—高等职业教育—教材　Ⅳ.①TP37

中国版本图书馆CIP数据核字（2014）第251094号

责任编辑：杨美艳　　　责任校对：王花妮
责任设计：何　健　　　责任印制：储志伟

中国纺织出版社出版发行

地址：北京市朝阳区百子湾东里A407号楼　邮政编码：100124

销售电话：010—67004422　传真：010—87155801

http：//www.c-textilep.com

E-mail：faxing@c-textilep.com

中国纺织出版社天猫旗舰店

官方微博：http：//weibo.com/2119887771

北京通天印刷有限责任公司印刷　各地新华书店经销

2015年10月第1版第1次印刷

开本：889×1194　1/16　印张：11.5

字数：200千字　定价：52.80元

出版者的话

百年大计，教育为本。教育是民族振兴、社会进步的基石，是提高国民素质、促进人的全面发展的根本途径，寄托着亿万家庭对美好生活的期盼。强国必先强教。优先发展教育、提高教育现代化水平，对实现全面建设小康社会奋斗目标、建设富强民主文明和谐的社会主义现代化国家具有决定性意义。教材建设作为教学的重要组成部分，如何适应新形势下我国教学改革要求，与时俱进，编写出高质量的教材，在人才培养中发挥作用，成为院校和出版人共同努力的目标。2012年11月，教育部颁发了教职成司函〔2012〕237号文件《关于开展"十二五"职业教育国家规划教材选题立项工作的通知》（以下简称《通知》），明确指出我国"十二五"职业教育教材立项要体现锤炼精品，突出重点，强化衔接，产教结合，体现标准和创新形式的原则。《通知》指出全国职业教育教材审定委员会负责教材审定，审定通过并经教育部审核批准的立项教材，作为"十二五"职业教育国家规划教材发布。

2014年6月，根据《教育部关于"十二五"职业教育教材建设的若干意见》（教职成〔2012〕9号）和《关于开展"十二五"职业教育国家规划教材选题立项工作的通知》（教职成司函〔2012〕237号）要求，经出版单位申报，专家会议评审立项，组织编写（修订）和专家会议审定，全国共有4742种教材拟入选第一批"十二五"职业教育国家规划教材书目，我社共有47种教材被纳入"十二五"职业教育国家规划。为在"十二五"期间切实做好教材出版工作，我社主动进行了教材创新型模式的深入策划，力求使教材出版与教学改革和课程建设发展相适应，充分体现教材的适用性、科学性、系统性和新颖性，使教材内容具有以下几个特点：

（1）坚持一个目标—服务人才培养。"十二五"职业教育教材建设，要坚持育人为本，充分发挥教材在提高人才培养质量中的基础性作用，充分体现我国改革开放30多年来经济、政治、文化、社会、科技等方面取得的成就，适应不同类型高等学校需要和不同教学对象需要，编写推介一大批符合教育规律和人才成长规律的具有科学性、先进性、适用性的优秀教材，进一步完善具有中国特色的普通高等教育本科教材体系。

（2）围绕一个核心—提高教材质量。根据教育规律和课程设置特点，从提高学生分析问题、解决问题的能力入手，教材附有课程设置指导，并于章首介绍本章知识点、重点、难点及专业技能，增加相关学科的最新研究理论、研究热点或历史背景，章后附形式多样的习题等，提高教材的可读性，增加学生学习兴趣和自学能力，提升学生科技素养和人文素养。

（3）突出一个环节—内容实践环节。教材出版突出应用性学科的特点，注重理论与生产实践的结合，有针对性地设置教材内容，增加实践、实验内容。

（4）实现一个立体—多元化教材建设。鼓励编写、出版适应不同类型高等学校教学需要的不同风格和特色教材；积极推进高等学校与行业合作编写实践教材；鼓励编写、出版不同载体和不同形式的教材，包括纸质教材和数字化教材，授课型教材和辅助型教材；鼓励开发中外文双语教材、汉语与少数民族语言双语教材；探索与国外或境外合作编写或改编优秀教材。

教材出版是教育发展中的重要组成部分，为出版高质量的教材，出版社严格甄选作者，组织专家评审，并对出版全过程进行过程跟踪，及时了解教材编写进度、编写质量，力求做到作者权威，编辑专业，审读严格，精品出版。我们愿与院校一起，共同探讨、完善教材出版，不断推出精品教材，以适应我国职业教育的发展要求。

中国纺织出版社
教材出版中心

PREFACE / 前言

　　"项目教学""教学模式"等名词，曾几何时成为"教改"的关键词，在中国高等职业教育教学改革中，尤其在艺术类专业建设领域炙手可热。而现如今，经过示范校建设的"洗礼"，这些词汇已经不再那么风光无限了。如果再在口头或文章里提及，难免会有"老生常谈""毫无创新"的看法。从表象看，这似乎只是反映了业界的进步和人们更加务实的心态，但细究起来，却令人忧喜参半。喜的是：多年来，随着引自中外"以行动为导向""任务驱动"等高职教育理念的强势推展，在我们这个系统里，"项目教学"已经被更广泛地采用，因而才变得不那么新鲜了；而忧的则是：时至今日，作为职业教育重要的实施工具，"项目教学"在我们手中仍旧不那么好使，不怎么灵光，换句话说，我们还远没有确切了解它的使用功能和熟练掌握它的操作要领，这才致使不少言过其实或名不符实的情形屡屡发生。

　　本书的任务和主要目的是：依据作者亲身的研究试验成果，并借助完整的实战解析，为国内高职院校相关互动媒体设计专业的项目教学，提供一套更为切实有效的实践模式。

　　全书共分为五个部分。第1章绪论部分介绍该模式的基本原理；第2章介绍模式运作前必要的基础准备；第3章、第4章和第5章为实战解析，共列举了一个完整项目运作流程中的17个任务，也是本书的主体，它们完全是编写团队亲身组织、参与的项目教学实例，呈现了从教学准备到总结评估的"实践模式"全过程，并详尽分析项目中所有重要的会议议程、纪要、方案、作品和各类表单等管理文件，以使读者更为透彻地理解，便于其后的实际借鉴、使用。

　　除了相关互动媒体设计专业的师生外，本书所提及的项目教学必要基础平台还需相关教学管理人员的参与，他们都应是本书预期的主要读者。此外，又因作者推介的项目教学模式对整个高职传媒艺术设计专业教学领域都具有高度的适用性，所以，此书对这一领域内所有的同类人群也具有一定的参考价值。

　　本书的文风配合章节内容，或诙谐通俗，或严谨明晰，有助于增强可读性和实用性。

　　本书推介的"A、B双轨交互并行项目教学模式"，是北京电子科技职业学院艺术设计学院国家级教学团队与北京珍珠贝国际文化交流有限公司等诸多合作的企业专家、设计师，进行校企合作共同探索高等职业教育教学改革实践的成果，其他参编人员有刘正宏、习维、黄睿、吕悦宁、唐芸莉、谭坤、李文江、梁东洋。为此书做出贡献的人员远不止于编写团队成员，特别提出感谢的有北京广易通广告有限公司何畅女士和北京全景多媒体信息系统公司的王晔先生，他们为创建"双轨交互并行"教学模式和构建工学结合的课程体系发挥了积极作用；艺术设计学院梁东洋出色地履行B轨助教工作职责，以及2009级多媒体设计与制作专业同学作为B轨成员的一部分积极配合教学实践，为本书项目教学提供了许多有价值的案例材料。在此一并表示诚挚地感谢！

　　本书由北京电子科技职业学院"国家教育体制改革试点建设项目——开展地方政府促进高等职业教育发展综合改革试点"中子项目——《文化创意人才培养创新》项目经费制作，项目代码：PXM2013_014306_000092。

　　创新的事物难免存在缺陷，但这丝毫不会折损其开拓的价值和成长的力度，只是在探索的路上，仍须众多同仁携手努力，所以，我们除了分享成果之心外，出版此书还有抛砖引玉之意。希望读者能抱着"取其长，补其短，以及乐见其成"的心态，对本书提供的经验潜心解读，善加利用，并以此为契机，与我们交流研讨，共求佳绩。

　　由于编写时间过于仓促，书中出现的不足之处请读者批评指正。

戴荭

2015年1月

目录 CONTENTS

第 1 章 | 互动媒体项目教学绪论

听说过老虎学上树这个故事吗？几只小老虎，时常看见一只大花猫在树上轻松自如地上蹿下跳，十分羡慕，于是，就提出和花猫学上树。花猫爽快地答应了。一天早晨，他们来到一棵大树下，正巧有一只小鸟落在树杈上，花猫"噌"地爬上树去抓小鸟，由于速度太快，小老虎们没看清，便要求花猫再重复示范一次。可不断地有小鸟飞来飞去，因此，花猫每次上树的速度都很快，无暇顾及讲解上树的动作要领，小老虎们只能站在树下发呆。最后，花猫抓到一只鸟，便到一边享受战利品，不再理会小老虎们。小老虎们只好去找虎叔叔求学。虎叔叔自知攀爬技能也不成，便领着几只小老虎来到一棵低矮的小树旁，然后就带着小老虎们在矮树边乱蹦乱跳，在树皮上乱抓乱挠，直到筋疲力尽。事后，小老虎们却说，我们学过上树，我们会上树了。然而，它们也只能在树边蹦几下抓几下，从来都不曾上过树。至今老虎也不会上树。

笔者杜撰这个故事，自然是"醉翁之意不在酒"。在以往的项目教学实践中，有些老师在带领学生做实训项目时，由于自身并不熟悉甚至不知道应该如何兼顾真实的项目运作，对学生的示范、指导与结果评价只是按照传统的方式实施；或是以有限的项目周期和严格的质量要求为由，使学生只能站在一旁观看，既插不上手，也搭不上话，更跟不上趟，知其然而不知其所以然。正像虎叔叔由于自身缺乏上树的实操经验，勉强教学，从而降低了"项目教学"的水准。这两种名不副实的"项目教学"，自然都不可能收到实效，学生也只能像那些小老虎们一样，难有收获。

过去徒弟跟师傅学手艺，听一听不如看一看，看一看不如摸一摸，摸一摸不如做一做，做完后还要想一想。

事实上，此类"站着看"和"跟着哄"的情形，在我们这个系统中，已经成为有效实施项目教学的两大瓶颈。问题在于，要找出替代它们的有效方式，并非那么轻而易举。作者团队历经多年的探索和磨难，摸索出一套虽不尽完善但确实有功效的"A、B双轨交互并行项目教学模式"，在此，与大家共同分享和切磋。

"A、B双轨交互并行"项目教学

在图1-1中，有几个关键词：项目、教学、A、B双轨和交互并行，这些关键词分别代表了此套项目教学模式的要素，其中"项目"是载体，"教学"是主旨，"A、B双轨"是组织形式，"交互并行"是实施办法。我们就围绕这些要素，简要介绍这套教学创新模式的核心内容和基本形式。

网站设计项目运作流程

A轨：由来自企业的项目负责人和设计师组成兼职教师团队
B轨：由专职教师带领的学生组成

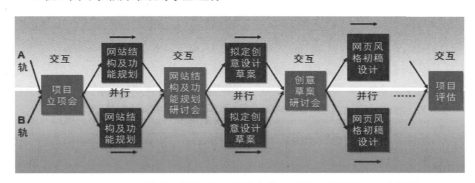

图1-1 A、B双轨交互并行项目教学式模式（以网站设计项目为例）

1.1.1 "A、B双轨交互并行"项目教学模式及特征

A轨，是指有行业经验的企业管理者和设计师团队，B轨，是指教师带领的学生团队，A、B双轨两支团队在同一时期针对同一个真实项目，研发设计或仿真研发设计，即所谓"并行"教学模式。而"交互"是指A轨设计师与B轨教师发挥各自优势，从行业和专业教学的角度指导学生。学生将在教师和设计师的双重指导下完成项目教学的"工作"任务。

这种模式具有以下特征：

◆ 项目的同一性

"并行"时段，A、B双轨在同一时期针对同一个真实项目进行设计，一方是富有行业经验的A轨设计师设计研发真实产品，另一方是B轨学生在教师指导下也在进行真实或仿真项目设计，使学生能够接触并体验到与企业相匹配的项目运作方式。

◆ 角度的多重性

"交互"环节，A轨设计师和B轨教师分别从行业和教学的角度，以"讲解"、"示范"、"点评"和"问答"等方法指导学生，学生将获得职业和专业多方面的培养。

◆ 创意的互动性

B轨学生在教师的指导下与A轨团队同期完成工作任务，学生有价值的设计方案对A轨设计师同样有启发作用。A、B双轨两支团队通过"交互"，碰撞出创意灵感的火花。

1.1.2　工作室平台机制

工作室指的是按照互动媒体设计行业设计师岗位的任职需求，与行业内的企业专家共同创设的工作实境，引进企业真实项目，采用企业运作管理流程，实施"双轨交互并行"教学方式，并具有多媒体产品科技研发与技术服务等重要功能。工作室平台机制从四个方面对"A、B双轨交互并行"项目教学方式提供保障：

（1）工作室任务项目化——真实项目来源于企业、社会。

（2）工作室团队双师化——设计师进驻共担研发及教学。

（3）工作室运作企业化——提炼企业规范流程融入教学。

（4）工作室管理制度化——按照岗位责任进行项目考评。

1.1.3　项目

"项目教学"，顾名思义，就是借助"项目"开展或实施教学。如果没有"项目"做载体，项目教学也就无从说起。然而，"项目教学"的项目并不是指所有来自社会和相关企业的项目，而需要根据人才培养目标和课程教学目标进行遴选，只有高标准、规范化运作的项目才能进入"A、B双轨交互并行"项目教学的项目库。低标准和不规范的项目运作无法实现符合行业要求的能力训练目标，有时还会产生误导，给学生带来不良的影响。可以说，未经筛选的低标准和不规范的项目运作与虎叔叔选的那棵矮树"无法学会爬树"一样，到头来学生们也会像那个虎叔叔及小老虎们那样，只学过所谓的爬树，却终生爬不了树。

依照教育规律，学校培养和传授的内容应该代表行业领先趋势的新内容，行业在发展，知识在更新，如果对学生的教育没有一个提前量，反而相对滞后，等到学生们毕业时，将何以博取企业的青睐呢？即使是规模较小、管理运作水平较低的公司，也会随着行业发展而进步（或被淘汰）。所以，真实的行业现实，恰恰要求我们"取法其上"和"驱前教育"，而这也是我们将"高标准"和"规范化"作为"A、B双轨交互并行"项目教学模式运作准则的充足理由之一。

校企合作的企业是项目教学的重要来源，而高水准的管理制度、运作流程和标准化的工作文件、表单是高标准、规范化项目运作的工具和保障手段。但因为校企双方各自工作计划等因素的对应问题，一家企业往往无法独自满足学校某专业教学所有的项目需求，这就使得学校必须面临一个问题：不同企业之间的项目运作形式、标准各异，甚至水准参差不齐，制度、流程、文件、表单等有一定的区别。此种状况，对于学校相关专业行业认知和职业能力缺乏统一性和连贯性。因此，作者借鉴了行业高端企业的相关经验，并基于对相关院校艺术类专业的实际教学需求而做的定向研究，制订了一整套为本专业项目教学专用的项目运作流程、管理制度、相关文件、表单模板。它们是"A、B双轨交互并行"项目教学的重要手段，也保证我们使用的教学项目能够高标准、规范化运作。对于这一点，读者看到本书第3章教学准备环节中的文件清单，以及第4章项目运作和教学实施中的文件、表单时，就会有所感受。

1.1.4　教学设计

选定了符合要求的真实项目，项目教学是否就能成功呢？非也！还记得前面提到的小老虎们拜师花猫的结果么？花猫爬树的动作和过程应该算得上标准、规范，小虎们却看不懂，学不会。为什么呢？问题就在于，花猫并没有将如何教小老虎们上树进行"项目教学"设计。在项目教学中，首先，教师需要有强烈的责任意识，认真地设计教学方案，对学生实施有效教学，而不是只停留在项目运作时让学生自行观看和揣摩，学到多少仅靠学生自己感悟，把教学效果全部放在学生的自我理解上，或忽略学生的实际水平和循序渐进的学习规律。在他们还没达到专业工作水准的情况下，就以专业设计师的身份去"做"项目，不仅练不出真本事，反而会因经常失败，从而挫败学生的积极性而产生副作用。这样做只会与大花猫、虎叔叔两位教小老虎上树的结果一样，无功而返。

项目教学需要精心细致的设计。但做到什么程度才叫"精心细致"呢？"A、B双轨交互并行项目教学模式"采用的准则必须要包括如下几点：

（1）对课程职业能力培养目标及其达标程度，进行细化地描述和界定。它是教学实施的目标，以及其他教学设计的基础，也是教学效果评估的重要依据。

（2）以项目运作流程为基础的教学流程的详细设定。它是保证项目教学既与项目运作紧密结合，又高效、有序向前推进的重要基础。

（3）师生团队组成及其职责划分。这是所有团队成员各司其职、分工合作的重要依据，也是此次项目运作和教学成功推进，达成目标的关键保障。

（4）各环节、步骤教学任务的详述。它是上述"课程职业能力培养目标""项目运作/教学流程"和"师生团队组成及其职责划分"这三项教学设计重要组成部分的综合细化，是教学方案的切实实施，以及课程目标实际达成的关键保证，也是"A、B双轨交互并行教学模式"教学设计环节的精髓。

进行这个教学设计的具体流程、方法和原则，我们将在本书第4章中，配合实例解析，再加以详尽说明。

1.1.5　A、B双轨

双轨是项目教学的主体，是由企业管理者和设计师组成的A轨团队和老师带领学生的B轨团队形成的两大阵营。以往的项目教学，先由学校的老师负责实训教学环节，之后再让学生到企业去实践，校企合作、工学结合一般是分两个步骤进行，这样会出现一些问题：一方面，一个（或几个）有足够专业教学经验的职业教师小组，他们可以按照教学计划承担项目教学设计，能够带领学生实训，负责教学组织与实施，但如果一些执教老师缺乏设计实践经验，就难以肩负高标准、规范化的项目运作；另一方面，一个（或几个）来自企业的专业人士，以他们丰富的企业经验，能够保证高标准、规范地运作项目，但却无法像教师那样，去进行严谨有效的教学与组织工作。

在新技术、新方法层出不穷，行业细分化趋势愈演愈烈的时代，在两个以上的专业领域（教育是职业，也是一种专业）都持续保持专精的水准，同时达到这种复合型标准的教师在目前为数甚少，再要在同一时段内分身有术，从容地承担起项目运作和组织教学这两方面工作，实在不易。

所以，我们需要A、B两组人马，一组无论专长还是分工都主要对应项目运作，而另一组的专长和分工则主要对应学生实训的组织和指导。但学生的实训内容，却要和项目运作在形式上保持一致，并且需根据同一的流程、进度和规范要求同步执行，只是不要求学生真正承担完成项目的责任。这就好比在两条轨道上并排行驶的列车，使用同一个时刻表，运载同样的货物，于是，"A、B双轨"这个名词便应运而生了。尽管这两辆列车装着同类的货物同步行驶，如果车上的人只是相互隔窗相望，彼此间又怎能进行有效的沟通呢？也就是说，A轨的专业人士又是使用怎样的方法为B轨的学生提供指导和帮助呢？那就是"交互并行"的方法。

1.1.6　交互并行

A轨专业人士对B轨学生的指导当然不是靠快速移动中的隔空喊话来实行的，他们可以共同在预定的站台上停车交流信息。在教学流程中称为"交互环节"，确切地说是教师们为了有效施教，在教学设计中特意设定的项目运作与项目教学的交叉点。在这些"交互环节"，A、B轨两组人员相互配合，结合项目需求、进度等工作状况，运用"讲解""示范""点评"和"问答"等多种方法，实施有效地教学。

在并行环节，如有必要，A、B两轨专业人员和教师也可根据项目运作或教学实际需要相互沟通。A轨专业人员应按照分工，全力投入高标准、规范化的项目运作，确保该阶段工作任务的质量和进度，同时也为并行中的项目教学提供良好的实施环境和示范；而B轨学生则在执教老师的带领和指导下，执行与A轨同样的项目任务，按照预定的阶段性课程目标，认真完成项目实训任务。

这也就是我们通过反复实践探索和创新的项目教学运作组织模式——A、B双轨交互并行教学模式。以上阐述的就是"交互并行"教学模式的基本原理。

为便于读者理解，作者将在本书第5章——"实战解析之教学实施"，结合实例剖析，对"交互"与"并行"教法的实施细则予以详尽的说明。

1.1.7　监控与评估机制

任何一个有生命力的模式应该具备实操性和长效性，那么，严谨有效的监控与评估机制必不可少。

"A、B双轨交互并行"项目教学模式的监控机制，是由A轨"流程员"（一般由项目助理兼任）借助《项目计划及进度记录表》，对工作流程进度和操作方法的标准化、规范化监控；A轨执教老师和B轨专业设计师则借助《质检单》对设计制作质量监控，即由计划执行和质检两个方面的监控共同构成的。读者可以在本书第5章有关项目教学实施过程解析中看到这两个表单。

"A、B双轨交互并行"项目教学模式的评估机制，是以上述监控机制为依据，并由一整套严谨设定的总结、评估系统构成。这套系统主要包括：总结科目、评估"KPI"、权重分配和评分标准等。这部分的具体情况，读者可以在本书第5章的有关项目的总结、评估的解析部分细致地了解。

我们目前采用的监控和评估机制，不仅是本项目教学模式有效性和持续性的重要保障，而且，让学生们接受、熟悉和使用这套监控评估机制，也是以实践的形式对他们进行有关行业标准化、规范化运作理念的切实有效的培训。

概括地说，"A、B双轨交互并行"项目教学模式，就是由专业人士和专职教师共同组建的教学团队，采用A、B双轨交互并行的方式，以高标准、规范化的项目运作为载体，使学生以受训者和员工双重身份，在真实（仿真）的工作情境中，接受的一场融体验、实践、示范、引导、激发、对比、压力与互动等多种元素的综合教学和训练。与以往的做法相比较，这种项目教学模式，可以将项目运作和教学紧密结合，学习与实践融为一体，专业人士和专职教师扬长补短，优势互补，合力而为，其优势是显而易见的。

1.2 课程体系与能力培养

如果把"A、B双轨交互并行"项目教学法喻为职业教育的一台先进设备，那么，它也只是一条"职业人才生产线"上诸多机器中的一种，如果缺少全套设施的精密组合，它是无法独自加工出合格人才的。因此，要想完整实施"双轨交互并行"教学模式，并使它发挥功效，还需要我们对专业人才培养目标和课程体系有全面系统的把握。

互动媒体专业培养目标的定位决定了面向专业岗位的人才培养方向，该专业培养具有民族文化传承与创新意识，具有数字媒体技术应用和艺术理论基础，掌握网络媒体艺术、多媒体产品设计等领域的数字技术应用技能，能够跟随时代发展，运用网络媒体艺术设计、多媒体产品设计与制作，将传统和现代文化传播从平面媒体向互动媒体拓展、提升与转化，培养具有良好职业道德的高级技术技能型人才，人才培养定位图参见图1-2。

根据人才培养目标的定位，构建互动媒体设计专业课程体系（见图1-3），这也是"职业人才生产线"的标准流程。

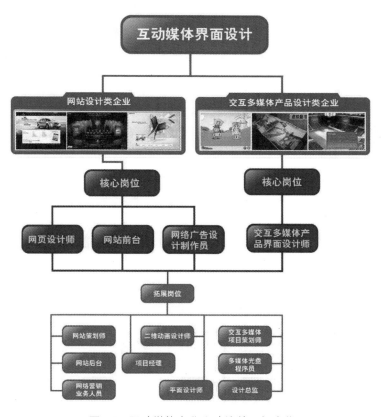

图1-2 互动媒体专业人才培养目标定位

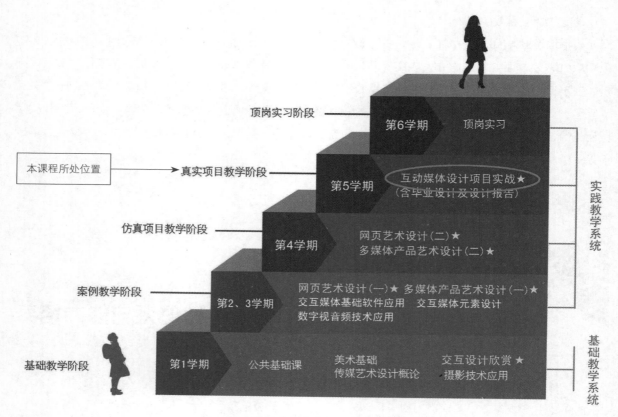

图1-3 互动媒体专业方向五进阶课程体系

在这张图标示的五进阶课程体系中，项目教学占有两个台阶，分别是"仿真项目教学阶段"和"真实项目教学阶段"，在它们之前是"基础教学"和"案例教学"，之后有"顶岗实习"。对其中的教学任务和目的以及学生能力要求分别作以下说明：

（1）基础教学阶段

这是职业素质和职业领域认知的基础教育阶段。

此阶段的教学任务和目的是：帮助学生奠定此后职业生涯所需的社会责任感、职业道德，奠定结构设计和艺术欣赏分析等职业相关的基础素质。

学生通过入学教育、文化课、艺术理论和美术基础等课程的学习，应该具有对相关职业的初步认知，具备了一定的艺术文化素养和美术基础，明确了就业岗位相关行业的专业定位，能够了解和感受到行业状况、职业能力要求及运作规律等。

（2）案例教学阶段

这是专业能力、方法初步掌握和社会能力熟悉阶段。

此阶段的教学任务和目的是：在前阶段职业素质和行业认知教育培养的基础上，针对与目标就业岗位对应的各关键工作任务，分别设计和选取数个典型案例，教师进行拆析、讲解和示范、指导。

学生通过相关专业基础课程的学习，能够在参照性或还原性的实训过程中，培养运用应用软件完成单一项目或较小的工作任务的能力。需要具备基本的专业能力，了解和感受未来实际工作所需的方法能力和社会能力。

（3）仿真项目教学阶段

这是专业能力、方法提升和社会能力初步掌握阶段。

此阶段的教学任务和目的是：以角色扮演进行"实战演习"，使学生置身于模拟企业、行业工作情境，遴选虚拟项目或特别选取已经完成的项目，选取的项目既要根据学生实际水平来确定难度，还要依照能力目标具有针对性。如果条件允许，可以开始实施"A、B双轨交互并行"教学模式，使学生在专业人士和指导教师的示范和引导下模拟工作式的学习。

学生通过仿真项目教学，以"准员工"的身份，在模拟的岗位上，全程参与承担数个仿真项目。通过实际应用和亲身体验，继续巩固和提升前阶段初步掌握的专业技能，逐步熟悉适应职业工作的方法，不断增强社会责任感。

（4）真实项目教学阶段

这是职业能力和岗位适应度提升至接近工作水准的阶段。

此阶段的教学任务和目的，就是让学生以上阶段仿真项目的"演练"结果为基础，切实参与到真实的项目工作中，实施"A、B双轨交互并行"教学模式。

学生通过真实项目教学，经历若干完整项目运作全过程的实战锻炼，获得企业实际工作能力，能够独立或合作完成某个综合的设计项目，使自身职业能力接近目标就业岗位的基本标准。

（5）顶岗实习阶段

这是职业能力达标，实现从"准员工"到"职业人"转换的准就业阶段。

此阶段的教学任务和目的是：使学生在校外专业对口企业或校内工作室的校企合作项目中，由企业部门领导及指导教师帮助、督导学生进入真实的工作序列。

学生通过顶岗实习，以实习员工的心态进入就业试用期，实际参与承担设计项目的工作任务，不断适应企业的工作氛围和规范，积累实际工作经验，使自己职业能力达到"职业人"的标准，从而完成从学校学习、实训到企业就业的过渡，真正走向社会。

通过以上的简要说明，可以了解到，"A、B双轨交互并行"项目教学模式要真正发挥作用，必须首先确定适应目标就业岗位需求的职业能力人才培养目标，搭建一套以行动为导向的课程体系，否则，其功力势必丧失殆尽。

第 2 章 | 项目教学的必要基础

要做好项目教学，必须先打好基础，做好充分的准备。构建系统的课程体系很重要，稳定的项目来源、专兼职互补的团队、先进配套的场所设施，这些要素同样缺一不可。因此，本章的主要内容是"A、B双轨交互并行"项目教学模式不可或缺的三大基石。

2.1

教学项目的选取

A、B双轨交互并行项目教学，需要"优质"的项目作为载体，那么，水准达标的项目来源就显得尤为重要，由于项目教学有仿真项目教学和真实项目教学之分，为保障这个来源的稳定性，还必须设定一些必要的原则。

2.1.1　真实项目的来源和相关原则

（1）合作企业

以建立校外（校内）实训基地为形式的校企合作教学，毫无疑问是获取教学项目首选的渠道，但必须遵循预设的原则，校企的合作关系才能牢固，也才能保持这种教学项目来源的相对稳定。这些预设原则是：

① 平等互惠原则：从长远看，高等职业教育的人才培养就是为相关企业储备人力资源，校企双方应该通过平等协商，寻找和创造具有相对持久吸引力的互利点。

② 合作企业的优选原则：盲目的合作往往是短暂的，合作的终止也难免会扰乱学校的项目教学计划，学校应根据需要对合作企业适当进行优选。可参考的权衡点包括：企业合作意愿的主动性、企业业务类型与教学工作任务、目标的对应性、企业的专业实力、企业项目运作流程和相关管理的规范性、企业的信誉和诚信等。

③ 项目的遴选原则：对合作企业带来的项目，仍应做遴选，既要审核其与学校整体课程体系及阶段性项目教学计划的适应度，也要考虑它用于项目教学的便捷性和有效性，还要权衡其与计划参训学生的知识、能力的适应程度。如果不顾项目教学的实际需求，将会给随后项目教学的质量带来负面影响。

（2）校办企业

这里所讲的校办企业，也就是学校出资并指定法人的"三产"公司。若条件许可，创办这样的企业，对稳定教学项目来源、确保教学团队中设计师（技师）的比重和结构互补、降低教学成本等，都大有益处。

2.1.2　仿真项目的来源和相关原则

（1）项目来源

① 教师（专兼职教师及合作企业专业人员）设计的项目；

② 教师（专兼职教师及合作企业专业人员）通过调研渠道选取，或选取后略作加工的项目；

③ 校企合作企业提供的已完成项目；

④ 校办企业已独立完成的项目。

（2）仿真项目的选取原则

① 仿真项目毕竟是"仿"：设计项目应符合从单一到综合、从简单到复杂的原则；仿真项目教学的课时是根据整体课程安排及具体授课需要规划和设计的。

② 仿真项目还要力求"真"：要注意创造真实的工作情境，让学生真切感受到行业实际工作的状况和项目任务的压力。

教学团队的建立

2.2.1 团队分工及角色定位

如前面提到的，我们这套项目教学创新模式的组织形式，需要A、B两组人马，一组主要对应项目运作和项目会议中的教学，而另一组主要对应学生实训的组织和指导。两组人员的职责虽有侧重，但仍须一定交叉。因此，只有明确界定好各自的角色定位，才能使这两类人都最佳地发挥出各自的作用。为此，我们对这两组教学人员在项目教学中的角色、职责，分别做了如下定位。

（1）A轨专业教师及职责

参与项目教学的专业岗位包括项目负责人、美术指导、主设计师、设计助理等。从专业角度来说，A组教师要以身作则，严格遵守工作流程、规范和岗位职责，依照项目立项的任务分配、进度和质量要求，认真工作，以对学生起到预定的示范、引导和影响作用；而作为教师的职责，则侧重在项目运作和研讨会上，通过示范、点评和讲解来指导学生。

（2）B轨指导教师及职责

B轨教师在项目教学中，主要履行教师职责，但仍需以明确对应岗位的专业人员身份出现，如美术指导、质控员等，在学生设计制作的实践过程中（"双轨并行"的教学阶段），在专业能力、方法能力和社会能力方面辅导学生，并承担管理和组织的责任，监控工作进度、质量和运作的规范化程度。

教学团队具体的分工办法，大家可以通过本书中展示的实战项目进一步理解。相关内容详见第3章中"师生团队组成及其职责划分"。

（3）B轨学生的角色定位

在真实项目教学课程里，学生的首要任务还是学习，而不是真正充当设计师。在教师的指导和引导下，学生借助切实的项目实践，培养自己在未来真实工作中所需的专业能力、方法能力和社会能力。但为了做到身临其境，在工作过程中学习、锻炼，学生必须以"准员工"的标准要求自己。在教师安排下，承担专业岗位的职责，遵守和执行与A轨设计师同样的项目运作流程和规范，同步执行项目工作任务。

2.2.2 团队成员组建

明确了这个团队的分工与侧重之后，接下来需要考虑的问题就是，这些人力的资源渠道及其资质要求。否则，A、B双轨交互并行项目教学将会成为无柴之火，无源之水。

显然，B轨指导教师一般是由院校专职教师担任，但是，参与"项目教学"的专职教师也需具备一定的设计师专业资质及行业经验。若学校师资不足，B轨教师也可由聘请企业的兼职教师担任，但对兼职教师应该有相关教学方法的培训。此外，还可以根据项目情况及教学的实际需要，由学校的高年级或毕业班学生担任助教，辅助B轨指导教师的工作。

根据需要，参与"项目教学"的A轨团队，首先应具有较为丰富的规范化行业企业运作经验，但他们不能只是一些"大花猫"，他们也需要经过专门的教学方法培训。这些人有可能来自于提供真实教学项目的校企合作企业，或者来自于校办企业，也有可能是具备很高专业资质的专职教师。

在组建A轨团队时，并不是企业项目运作团队的全部成员都参与项目教学，而只需要与项目教学密切相关的专业团队人员，其中包括客户部项目负责人、设计师等，这样可以有效地提高项目运作效率，也有利于节省教学成本，参见表2-1。

表2-1　A、B双轨项目教学团队岗位人员配置表

序号	企业岗位设置 （角色定位）	A轨团队成员 （企业人员）	B轨团队成员 （教师/学生）		主要职责 （企业项目运作/项目教学设计、指导）
1	项目负责人	×××	×××		项目运作管理与评估，组建设计师团队，项目教学设计、点评
2	流程员（项目助理）	×××			项目流程监控，文档汇总，兼项目助理
3	创意总监或 主设计师	×××			网站策划，美术指导，负责视觉设计表达，教学设计、指导、点评
4	设计师或准设计师	×××	×××	学生组长	网站视觉设计表达及制作实现，包括网站艺术风格、版式统一等，项目教学指导与点评
			×××	学生N组	
6	后台程序员	×××			网站技术支持

2.3 学生团队的组建

2.3.1 分工及角色定位

依据人才培养目标的定位，确定学生在项目教学中的角色定位为"准设计师"参见图2-1。

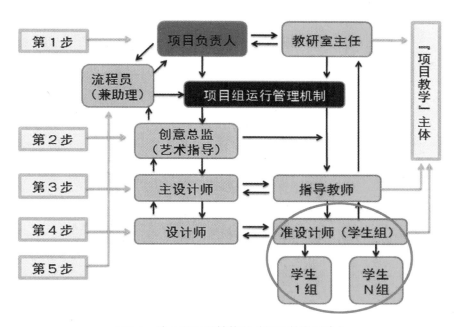

图2-1　建立项目组结构图（项目教学团队）

2.3.2 自我预期与规划

学生在此教学环节已是进入高年级毕业班的学习阶段，教师应该帮助学生梳理归纳之前所学的知识与技能，使学生对未来发展目标有更加明确的方向。例如结合相关就业指导或职业生涯规划方面的课程，学生将清楚地知道作为一个"准职业人"或"准设计师"的综合素质和专业能力等。

（1）准设计师的核心素质构成

① 在知识方面应该对以下理论知识有所涉及：

社会学原理、媒体传播学原理、管理营销学原理、广告学原理或影视艺术原理、美学原理和艺术设计理论、文明史、艺术史、设计史等，以及相关法律、政策等管理规范，相关行业状态和运作流程等。

② 应该具备以下基础能力：中、英文阅读和口头表达能力、计算机基础运用能力、美术基础设计能力等。

③ 应该具备一定的专业技能：要具备创意设计能力，相关应用软件的熟练操作和运用能力等。

④ 应具备的相关技能：摄影、影视制作和音乐（响）制作等。

（2）准设计师应该具备的综合能力

① 自主学习能力。

② 观察与思考能力。

③ 理解与执行能力。

④ 时效规划和控制能力。

⑤ 适应与竞争能力。

⑥ 沟通与协调能力。

（3）职业品德素养

无论从事什么职业，作为一个职业人应该具有相应的品德素养，这也是社会、企业所有用人单位对毕业生的基本要求：

① 敬业精神。

② 诚信精神。

③ 社会责任感。

以上对职业人的主要素质构成、综合能力和品德素养等要求，将有机地融入到项目教学过程之中，并在最后的项目教学评估与总结时围绕这些要求进行。每个学生遵循这些职业和专业要求，通过亲身经历项目运作流程，有感而发，拟定未来求职计划书或者职业生涯规划书等，为成功就业打下坚实的基础。

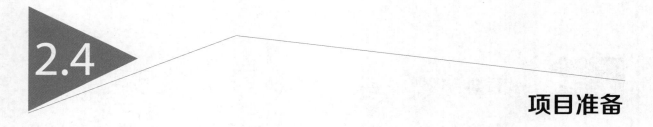

2.4　项目准备

2.4.1　场所与设施

以高标准、规范化运作的项目为载体的"A、B双轨交互并行项目教学模式"的实施，当然要以达到行业现行标准的软、硬件设施为工具，以符合正规企业运作要求的工作场所为环境。这种"专业"的工作条件，不仅对基于工作过程的实战训练或仿真演练效果的取得至关重要，而且，对于从心理上摒弃"上课"的感觉，跳出"学生"身份的自我认定，建立对行业工作氛围和节奏的适应度以及企业员工的责任感，都大有益处。

图2-2～图2-6是多媒体设计与制作下属互动媒体设计工作室及影视制作工作室的环境实景照片，以供读者做相应参考。

　　图2-7～图2-9是教学用软件的准备。

图2-2　互动媒体设计工作室1

图2-3　互动媒体设计工作室2

图2-4　影视高清非线编辑视频工作站

图2-5　Sony高清数字编辑机

图2-6　影视非线编辑工作室

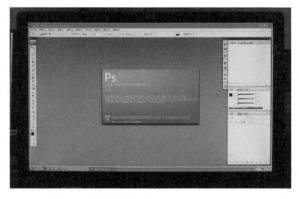

图2-7　教学软件准备：Photoshop CS3

图2-8　教学软件准备：Dreamweaver CS

项目名称	责任人	编号	工作任务	开始日期	开始时间	结束日期	结束时间	执行者	部门	当前状况	附件	传达
CBFS公益组织网站建设	黄睿	1	项目立项会	7-Dec-09	10:30	7-Dec-09	12:00	项目组全体成员	客户部、互动媒体设计部、B组		项目立项文件包、会议纪要	全体与会人员
CBFS公益组织网站建设	李梅	2.A	网站创意设计草案的拟订	8-Dec-09	8:30	11-Dec-09	10:00	李梅、王亚琳、白增海	互动媒体设计部		CBFS-WD-0901－创意设计草案（初稿）.ppt、网站Logo方案2个	黄睿、李梅、王蕾
CBFS公益组织网站建设	黄睿	3	网站创意设计草案初稿研讨会	11-Dec-09	13:30	11-Dec-09	15:30	项目组全体成员	客户部、互动媒体设计部、B组		会议纪要及附件	全体与会人员
CBFS公益组织网站建设	王亚琳	4.A	网站创意设计草案内部修改定稿	12-Dec-09	8:30	12-Dec-09	17:30	王亚琳	互动媒体设计部		CBFS-WD-0901－创意设计草案（修改稿）.ppt	黄睿、李梅、王蕾
CBFS公益组织网站建设	黄睿	5	网站设计任务说明研讨会	14-Dec-09	10:45	14-Dec-09	12:00	项目组全体成员	客户部、互动媒体设计部、B组		会议纪要及附件	全体与会人员
CBFS公益组织网站建设	王亚琳	6.A	网站首页初稿设计	14-Dec-09	13:30	15-Dec-09	17:30	王亚琳	互动媒体设计部		网站首页设计初稿（JPG效果图）	黄睿、李梅、王蕾
CBFS公益组织网站建设	黄睿	7	网站首页初稿研讨会	16-Dec-09	15:50	16-Dec-09	18:00	项目组全体成员	客户部、互动媒体设计部、B组		会议纪要及附件	全体与会人员
CBFS公益组织网站建设	王亚琳	8.A	网站首页内部修改定稿	16-Dec-09	17:30	17-Dec-09	17:30	王亚琳	互动媒体设计部		网站首页设计方案（JPG效果图）	黄睿、李梅、王蕾
CBFS公益组织网站建设	王亚琳	9.A	网站栏目页初稿设计	18-Dec-09	8:30	21-Dec-09	17:30	王亚琳	互动媒体设计部		网站栏目页设计初稿（JPG效果图）	黄睿、李梅、王蕾
CBFS公益组织网站建设	黄睿	10	网站栏目初稿研讨会	22-Dec-09	15:30	22-Dec-09	17:00	项目组全体成员	客户部、互动媒体设计部、B组		会议纪要及附件	全体与会人员
CBFS公益组织网站建设	王亚琳	11.A	网站栏目页内部修改定稿	23-Dec-09	8:30	23-Dec-09	17:30	王亚琳	互动媒体设计部		网站栏目页设计初稿（JPG效果图）	黄睿、李梅、王蕾
CBFS公益组织网站建设	王亚琳	12.A	网站栏目页及内容页完稿设计	24-Dec-09	8:30	25-Dec-09	11:00	王亚琳	互动媒体设计部		网站栏目页及内容页文件包	黄睿、李梅、王蕾
CBFS公益组织网站建设	黄睿	13	网站栏目页及内容页完稿研讨会	25-Dec-09	15:00	25-Dec-09	16:30	项目组全体成员	客户部、互动媒体设计部、B组		会议纪要及附件	全体与会人员
CBFS公益组织网站建设	王亚琳	14.A	网站栏目页及内容页修改定稿	26-Dec-09	8:30	27-Dec-09	17:30	王亚琳	互动媒体设计部		网站栏目页及内容页修改定稿文件包	黄睿、李梅、王蕾
CBFS公益组织网站建设	王亚琳	15.A	网站页面制作	28-Dec-09	8:30	30-Dec-09	17:30	王亚琳	互动媒体设计部		生成的网站页面文件包	黄睿、李梅、王蕾
CBFS公益组织网站建设	A组	16.A	撰写项目总结报告	7-Jan-10	8:30	7-Jan-10	12:00	A组全体成员	客户部、互动媒体设计部		项目总结报告	黄睿、王蕾
CBFS公益组织网站建设	黄睿	17	项目总结研讨会	8-Jan-10	14:30	8-Jan-10	17:00	项目组全体成员	客户部、互动媒体设计部、B组		会议纪要	全体与会人员

图2-9　项目计划及进度准备

2.4.2　项目进度安排

参见第3章表3-1的《项目计划及进度记录表》。

自此章开始，A、B双轨师生团队将全程进入项目运作流程，分别以各自的角色"入戏"，去完成一个个"工作"任务。

第 3 章 | 实战解析一：教学准备

3.1

项目选取

此环节主要是辅助教师团队的工作。但学生也应作简单了解，便于随后在项目设计的过程中，能与企业人员顺畅地沟通。

3.1.1   合作企业的必备条件

★ 业务项目与项目教学专业对口（首选）

★ 合作态度积极（必要）

★ 项目运作标准、规范（必要）

★ 场地设施等相关资源条件基本具备（必要）

★ 具备较充分的设计师资源（优选）

★ 项目总监、设计师具备高级以上行业资格（优选）

★ 近两年在行业领域有一定业绩或知名度（优选）

3.1.2   项目选定的要求

★ 来源合作紧密的企业（首选）

★ 项目难度与项目教学培养定位相匹配（首选）

★ 企业近两年完成的项目（仿真项目教学，必要）

★ 项目运作系统、流程规范（必要）

★ 项目周期两个月以上（优选）

★ 与岗位群人才培养目标具有针对性（优选）

★ 有社会意义（优选）

此真实项目的时间进度较灵活，比较容易配合教学，并且，项目的难易程度也较适合参与本次项目教学实训的学生。

3.2 团队组建

此环节需要A、B双轨全体成员在项目教学开始之前的会议上，通过研讨确定。在确定学生团队组建和分工时，指导教师须特别关注每位学生各自的特长和自我发展的意愿，做到以人为本，合理搭配，优势互补，发挥学生的主观能动作用。在本项目中的人员配置，可参见表3-1中的A、B双轨项目教学团队岗位设置人员配置表。

表3-1　项目人员配置表

序号	企业岗位设置 （角色定位）	A轨团队成员 （企业人员名单）	B轨团队成员 （教师/学生名单）		主要职责 （企业项目运作/项目教学设计、指导）
1	项目负责人	黄女士	陈主任 唐老师		项目运作管理与评估，组建设计师团队；项目教学设计，点评
2	项目助理	王助理			协助项目负责人，兼任流程员
3	创意总监或 主设计师	李设计师等			网站策划、美术指导；负责视觉设计表达；教学设计，指导、点评
4	设计师或 准设计师	王设计师、 白设计师等	唐老师	学生组长	网站视觉设计表达及制作实现，包括网站艺术风格、版式统一等；项目教学指导与点评
			梁助教	学生N组	
5	后台程序员				网站技术支持

至此，本次项目教学的教学团队组建完成。在这个教学团队中，A、B两组的教师将各司其职，合作完成此后的各项教学工作。具体的分工，将在本书相应环节的各章节中详细阐述。

3.3　运作准备

此环节需要A、B双轨全体成员共同参与进行。B轨教师尤其需要根据企业运作的规范，给予学生特别的指导。

3.3.1　填写项目立项文件

（1）项目负责人填写并提交总经理审核《项目立项通知》。

（2）项目负责人填写并经创意总监审核《创意简报》。

详见本书第4章4.1相应内容。

3.3.2　制订项目运作计划

项目负责人制订《项目计划及进度记录表》，见表3-2。

表3-2　项目计划及进度记录表——项目运作版

项目名称	项目编号	责任人	编号	工作任务	开始日期	开始时间	结束日期	结束时间	执行者	部门	附件	传达
CBFS公益组织网站建设	CBFS-WD-0901	黄睿	1	项目立项会	7-Dec-09	10：30	7-Dec-09	12：00	项目组全体成员	媒体设计部、网站后台程序部	项目立项文件包、会议纪要	全体与会人员
CBFS公益组织网站建设	CBFS-WD-0901	李梅	2	网站创意设计草案的拟订	7-Dec-09	10：30	7-Dec-09	11：30	李梅、王亚琳、白增海	互动媒体设计部	网站创意草案（初稿）.ppt 网站LOGO初稿	黄睿、王蕾
CBFS公益组织网站建设	CBFS-WD-0901	黄睿	3	网站创意设计草案初稿研讨会	8-Dec-09	15：30	8-Dec-09	17：30	项目组全体成员	客户部、互动媒体设计部	会议纪要及附件	全体与会人员
CBFS公益组织网站建设	CBFS-WD-0901	李梅	4	网站创意设计草案内部修改定稿网站LOGO修改	8-Dec-09	8：30	9-Dec-09	17：30	李梅、王亚琳、白增海	互动媒体设计部	网站创意草案（修秘改稿）.ppt 网站LOGO修改稿	黄睿、王蕾
CBFS公益组织网站建设	CBFS-WD-0901	李梅	4.5	根据客户意见修改网站创意设计草案网站LOGO定稿	9-Dec-09	17：30	10-Dec-09	8：30	李梅、王亚琳、白增海	互动媒体设计部	网站创意草案（客户确认）.ppt 网站LOGO定稿	黄睿、王蕾
CBFS公益组织网站建设	CBFS-WD-0901	黄睿	5	网站设计任务说明研讨会	10-Dec-09	8：45	10-Dec-09	10：00	黄睿（Tammy）、李梅、王亚琳、	客户部、互动媒体设计部	会议纪要及附件	全体与会人员
CBFS公益组织网站建设	CBFS-WD-0901	李梅	6	网站首页初稿设计	10-Dec-09	10：45	11-Dec-09	11：30	李梅、王亚琳	互动媒体设计部	网站首页设计初稿（JPG）效果图	黄睿、王蕾
CBFS公益组织网站建设	CBFS-WD-0901	黄睿	7	网站首页初稿研讨会	11-Dec-09	15：35	11-Dec-09	17：30	黄睿（Tammy）、李梅、王亚琳、	客户部、互动媒体设计部	会议纪要及附件	全体与会人员
CBFS公益组织网站建设	CBFS-WD-0901	李梅	8	网站首页内部修改定稿	12-Dec-09		13-Dec-09	17：30	李梅、王亚琳	互动媒体设计部	网站首页设计初稿（JPG）效果图	黄睿、王蕾
CBFS公益组织网站建设	CBFS-WD-0901	李梅	8.5	根据客户意见修改网站首页设计方案	13-Dec-09		14-Dec-09	8：30	李梅、王亚琳	互动媒体设计部	网站首页设计终稿（JPG）效果图	黄睿、王蕾

项目名称	项目编号	责任人	编号	工作任务	开始日期	开始时间	结束日期	结束时间	执行者	部门	附件	传达
CBFS公益组织网站建设	CBFS-WD-0901	李梅	9	网站栏目页及内容页初稿设计	14-Dec-09	8：30	16-Dec-09	12：00	李梅、王亚琳	互动媒体设计部	网站栏目页及内容页设计初稿（JPG效果图）	黄睿、王蕾
CBFS公益组织网站建设	CBFS-WD-0901	黄睿	10	网站栏目页及内容页初稿研讨会	16-Dec-09		16-Dec-09	10：00	黄睿（Tammy）、李梅、王亚琳、	客户部、互动媒体设计部	会议纪要附件	全体与会人员
CBFS公益组织网站建设	CBFS-WD-0901	李梅	11	网站栏目页及内容页内部修改定稿	16-Dec-09	10：00	16-Dec-09	17：30	李梅、王亚琳	互动媒体设计部	网站栏目页及内容页设计方案（JPG效果图）	黄睿、王蕾
CBFS公益组织网站建设	CBFS-WD-0901	李梅	11.5	根据客户意见修改网站栏目页及内容页设计方案	16-Dec-09		17-Dec-09	12：00	李梅、王亚琳	互动媒体设计部	网站栏目页及内容页设计方案终稿（JPG效果图）	黄睿、王蕾
CBFS公益组织网站建设	CBFS-WD-0901	李梅	12	网站页面制作	18-Dec-09	8：30	22-Dec-09	17：30	王亚琳	互动媒体设计部	生成的网站页面文件包	黄睿、王蕾、张凯
CBFS公益组织网站建设	CBFS-WD-0901	张凯	13	网站后台程序搭建	15-Dec-09	8：30	25-Dec-09	17：30	张凯	网站后台程序部	网站内部测试通知	黄睿、王蕾
CBFS公益组织网站建设	CBFS-WD-0901	李梅	14	网站内容编辑	28-Dec-09	8：30	28-Dec-09	17：30	王亚琳、王蕾	互动媒体设计部	网站建设完成通知	黄睿、王蕾
CBFS公益组织网站建设	CBFS-WD-0901	李梅	15	撰写项目总结报告	29-Dec-09	8：30	29-Dec-09	17：30	项目组全体成员	客户部、互动媒体设计部、网站后台程序	项目总结报告	黄睿、王蕾
CBFS公益组织网站建设	CBFS-WD-0901	黄睿	16	项目总结研讨会	30-Dec-09	14：30	30-Dec-09	17：00	项目组全体成员	客户部、互动媒体设计部、网站后台程序	会议纪要	全体与会人员

3.3.3　整理和准备前期方案资料

（1）与客户前期沟通形成的各种方案。

①《项目传播要素沟通》（网站策划师已在前期完成此方案）；

②《网站结构及功能规划方案》（网站策划师已在前期完成此方案）。

注：以上两个文件详见本书第4章4.1的相应内容。

（2）项目助理负责收集和整理客供素材资料。

3.3.4　准备项目立项会的工作任务资料

（1）工作任务所需其他参考资料：美术指导或指定负责人初步搜集参考网站等资料。

（2）会后工作任务标准模板：

项目负责人负责《网站创意设计草案模板》。

注：此文件来自企业运作管理制度的相应文件表单模板库。文件内容详见本书第4章4.1的相应内容。

3.4   教学设计

此环节主要是A、B双轨指导教师的工作，但学生也要参与，主要是对"教学设计"其中的核心内容要充分了解。"教学设计"的关键在于"如何体现学生是学习的主体"这一教学理念。

我们在绪论中曾提到，"精心细致的教学设计"是这套创新项目教学模式实施的重要工作环节。我们将以"CBFS美国公益组织网站建设"项目为例，详细展示"项目教学设计"该如何进行。

3.4.1   教学设计的操作流程

教学设计的操作流程

（1）了解学生情况

这是B轨指导教师的工作内容。了解的学生情况包括执行该项目所需的专业能力程度、以往学习过程中曾培训过的方法能力、社会能力，以及与完成此项目任务相关基础知识的掌握程度。可采取与之前的任课教师、平行并列的授课教师沟通，并从之前的学生作业、作品等方面了解学生。

（2）召开教学设计预备会

项目负责人需先与A轨主设计师、B轨指导教师召开预备会议，共同商讨，初步确定本次项目教学的教学目标（即职业能力目标）、教学流程，以及双轨项目运作/教学团队的分工等。

（3）撰写《指导教案》或《课程标准》

由A轨主设计师、B轨指导教师执笔撰写。内容包括：课程定位、教学项目、本项目职业能力培养目标、项目运作与教学流程、项目运作规范和文件表单、师生团队组建及其职责、教学任务详述（含教学目的、教学内容和对应的职业能力目标、之前准备的文件、需提交的文件及其规范等）。

（4）撰写《学习指导书》

详见本章3.4.3 "《学习指导书》相关说明"。

至此，完成本次项目教学所需教学文件的准备。

（5）学习领会教学文件

A、B轨所有教师必须认真学习和充分领会《指导教案》；

在"课前培训"会上，学生主要学习领会《学习指导书》，项目负责人需要做讲解与说明。

3.4.2 教师"指导教案"模板与说明

参照附录中的《指导教案》。

（1）课程定位

概述本课程的任务和目的，本课程在该专业完整课程体系中所处的教学阶段、课程性质及与前期教学阶段的衔接关系等。

在设定本课程单元（学习情境）的定位时，需以其所在的课程（学习领域）的《教学大纲》及《教学计划》为基础，明确本课程单元的难易程度，以及与其他课程单元的衔接与递进关系。清晰的课程定位将为教学的连贯性和有效性提供重要保证。

（2）教学项目

① 项目来源。

② 项目确定的原因。

③ 项目类别。

④ 项目传播要素：品牌定位、品牌个性、品牌口号、传播目的、核心信息以及其他项目相关信息等。

"教学项目"基本信息和重要传播要素的明确界定，对项目团队全体成员而言，使他们能够在思想认识上达成共识，为后续的项目运作和项目教学奠定重要的资讯基础。此项中的第4条"项目传播要素"将同时与《学习指导书》对应。

（3）本项目的职业能力培养目标

① 专业能力：以"能够"胜任什么职业、专业工作任务和"具备"什么能力的表述；

② 方法能力：以"能够"作为起点进行表述，主要是对如何做事的基本方法的掌握。

③ 社会能力：以"能够"作为基点进行表述，主要是对如何做人的基本素质能力的要求。

对"职业能力目标"的内容及其达标程度的界定，是本课程单元其他教学设计的基础，也是教学实施的目标和效果评估的依据，因此，必须严格遵循以下原则：

① 必须用细化、可衡量，符合行业习惯的用词。例如"能够完成网页制作"就要分解为"能够完成网页切片的结构分析与切片""能够熟练运用网页制作软件（Dreamweaver）生成符合行业规范的页面"和"具备基本的CSS代码编写能力"；

②"专业能力"的设定，必须以本项目的实际创意设计与制作需求为基础，排列顺序也须符合预定的项目运作流程，具有针对性和可操作性；

③"方法能力"和"社会能力"的设定，同样力求和实际工作岗位及引入教学的"工作任务"密切关联，摒弃笼统和空泛的概念。

（4）项目运作/教学流程

① 以标准流程为基础，根据项目的实际情况，设计教学流程。

② 项目运作/教学中需使用的文件、表单。

恰当、明晰的教学流程设计是保证项目教学与项目运作紧密结合、高效、有序的重要基础。为了使项目运作更加顺畅，使项目教学内容与课程培养目标高度对应，实现相关教学人力、物力和时间充分利用，教学流程并不是项目运作流程的简单重合，而应提炼实际项目原作流程中的典型工作环节，有机地结合到教学实际之中。因此，需要作适当的调整。

本项目的教学流程，虽然与"《项目计划及进度记录表》——项目运作版"高度一致，但去掉了其中与学生目标就业岗位相关性不强的"网站内容编辑"工作环节，并针对学生知识能力普遍薄弱的实际情况，增加了项目运作计划中没有的"网站栏目页及内容页完稿研讨会"的交互环节，将企业中通常以个别沟通的方式完成的意见磋商以研讨会的形式呈现，强化相关职业能力的实训力度。

（5）项目运作规范和文件、表单

这些文件模板和表单是规划项目运作和教学的重要工具和手段，源自学院通过校企合作方式，借鉴行业高端企业成熟运用模式经验而制订的《项目运作管理制度》。

（6）师生团队组成及其职责划分

详见附录。

这些具体的职责分工，以"A、B双轨"的团队结构、项目运作的相关需求和"交互、并行"的教学实施方式为设定基础，它们是使所有团队成员各司其职、分工合作的重要依据，也是此次项目运作和教学顺利推进，达到目标的重要保障。

（7）教学任务详述

> 　　首先分析各项目运作环节的阶段性目标和具体工作任务，明确其中相关的"专业知识点和能力需求"；以此为依据，设计各相应教学环节的具体教学目的和教学内容，使项目运作和教学实施二合一；再选择与职业能力目标对应的内容，分解后有机融入项目教学工作规划之中；最后，列出各教学环节工作启动前和实施中需要准备和提交的文件、表单名称，提出相关要求，为后面的项目教学提供具体而明确的支撑。

　　"教学任务详述"是由前面提到的"课程职业能力培养目标""项目运作/教学流程"和"师生团队组成及其职责划分"这三大教学设计版块组成的综合细化，是教学方案的切实实施，也是课程目标实际达成的关键保证，体现了"A、B双轨交互并行教学模式"教学设计环节的精髓。

　　以上是结合此次项目教学《教学方案》各部分内容的解析，对"A、B双轨交互并行项目教学模式"教学设计环节进行的分析说明。

3.4.3　《学习指导书》相关说明

　　《学习指导书》，顾名思义，就是指导学生学习的参考文件。其宗旨在于将项目教学"透明化"，让学生预先就能清楚地了解自己通过这门课程的学习，将获得哪些职业能力，这门课的计划与安排、流程、阶段性学习任务，以及所要掌握的学习、实训方法。它既是预习的指导，又是学习过程中的提示，还可作为复习的重要材料。学生将不再被动地在教师身后亦步亦趋，也不会事后才明白自己在学习什么，相反，能够主动和有意识地去学习。这种做法也是以学生为主体的"发现与引导"教学方式的一个积极实践。

　　《学习指导书》的内容包括：课程定位、职业能力目标、项目概述、项目运作规范及流程、课前知识/能力准备、师生团队组成及其职责、项目运作/学习流程、参考资料或书目清单、学习任务详述。可以看出，以上内容与《指导教案》高度对应，因此，在《指导教案》定稿之后，即由项目负责人，和其指定的其他教学团队成员（A轨主设计师或B轨指导教师）以《指导教案》为蓝本，修订撰写本次项目教学的《学习指导书》。

《学生指导书》是以《指导教案》为基础转换而成的，除一致部分外，主要调整或增加的内容包括以下几项：

（1）项目概述：此项内容是《指导教案》中"教学项目"的节选，只引用了其中"项目传播要素"的内容。

（2）课前知识、能力准备：此项内容为指导书专有内容，由B轨指导教师和A轨美术指导或主设计师，综合学生此前的职业能力和专业知识基础，以及本项目对职业能力的要求两方面因素，共同商讨而确定。

（3）参考资料或书目清单：此项内容也为指导书专有内容，由A轨美术指导或主设计师填写（或修订）完成，以帮助学生在课程开始前及实施过程中，更便捷地查找到所需参考资料。当然，即使提供了这个清单，也并非限制了学生从其熟悉且有效的其他途径获取相关参考资料。

（4）学习任务详述：这部分与《指导教案》的"教学任务详述"相对应，只是将学生从接受者调整为行动者，使学生清楚在每一个学习环节中，自己的学习目的、学习内容及其与对应的职业能力目标的关系，以及自己在每个具体工作阶段的工作任务和需提交的文件及规范。这样一个细化的"学习任务详述"同样也可以使学生更清楚地了解公司中规范化的运作流程及相关规定，从而提升学生规范化运作的基本素质。

《学习指导书》的制订要以《指导教案》为基础，其内容必须相对应，这是一条原则，也是"发现与引导"教学方式的具体体现。无论是学生还是教师，或教学管理人员，在实施项目教学过程中，需根据各学院的实际情况制订适合自己的《学习指导书》。本次项目教学的《学习指导书》全文，读者可参阅本书的附录部分。

3.5 课前培训

3.5.1 培训资料准备

（1）制订、修订《课前培训讲稿》

针对每次项目教学，制订《课前培训讲稿》，但对于"仿真项目教学"和"真实项目教学"均需要做一定的修订调整，主要包括"课程定位""培养目标""专业能力、方法能力、社会能力""项目运作/教学流程""项目教学团队介绍""项目运作/教学文件说明"等。

（2）"课前培训"相关文件包的准备

参照《传媒艺术设计机构运行管理制度》等相应文档资料库，提取下列文件，准备"课前培训"需使用的文件包资料：

① 企业运作规范（参见附录）。

◆《互动媒体工作室职能》：明确机构各部、室的分工，保证团队组织管理以"准公司"模式运行。

◆《互动媒体工作室各岗位职责》：细化分解部门职能，明确人员岗位责任。

◆《项目运作管理制度》：其中《项目流程进度管理制度》与《项目总结及考评制度》两个紧密相关的制度相辅相成，以确保"项目运作"更加系统化、规范化。

◆《工作室员工守则》：实际是一个整体机构的全员守则，保障团队素质和正常运作。

◆《会议管理制度》：以保证组织机构所有会议的管理规范化、有序化，提高会议效率。

◆《信息沟通管理规范》：为提升信息沟通的规范化、准确性，以达到提高工作效率的目的，顺畅的信息沟通是一个组织机构正常运转的重要保障。

② 项目运作/教学文件、表单。

◆ 创意简报

◆ 网站设计工作单

◆ 设计修改单

◆ 项目计划及进度记录表

◆ 设计质检表

◆ 会议纪要

◆ B轨阶段性工作记录

③ 学习参考资料。

根据学生实际需求，可加大为学生提供相关学习资源的比重。结合本次项目的需要，提取如下文件资料：

◆ 平面和网页设计素材管理培训

◆ 头脑风暴法

◆ 提案技巧

◆ 以互动媒体专业的项目教学为例，提升英语表达能力

a 网站设计常用英语词汇

b 4A广告公司中常用英语词汇

3.5.2 召开"课前培训"会

每次项目教学的"课前培训"会均由项目负责人召集，全体参与项目教学的师生共同参加。由项目负责人和B轨指导教师共同完成培训内容。会议结束后，B轨指导教师及助教需辅导学生进一步掌握培训内容，并根据项目的具体分工，完成学生的分组，选定组长。以本次"CBFS公益组织网站建设"项目为例，说明项目教学课前培训的具体实施情况。

（1）准备会议议程

会议议程由项目助理拟订，经项目负责人审核确定。此次"项目教学课前培训"的会议议程，参见表4-2。

（2）制订教学实施步骤计

以本环节的《会议议程》为准，逐步开展项目教学。

（3）教学实施过程

参见表4-3。

（4）本环节项目运作和教学效果

① 学生们明确了本课程在整体课程体系中的定位。

② 学生们理解了"A、B双轨交互并行"项目的教学模式。

③ 学生们深入学习并领会《学习指导书》的内容，解决了学习前认识不足的问题。

第4章 | 实战解析二：教学实施

本章以教学方案17个教学任务中的前15个任务为载体，最后2个任务的项目教学将在第5章展开。本章详细解析了此次项目教学实施的全过程，包括其中操作的每个细节和阶段性成效等，并在每个教学任务中有机融入了"A、B双轨交互并行"项目教学模式具体的实施办法和功效，以使读者能够深入了解该项目教学模式、原则以及实施办法。

"双轨交互"可在第4章任务3中详细说明，"双轨并行"可在第4章任务2中详细说明。

4.1 项目立项

4.1.1 任务1：召开项目立项会

工作内容：

正式启动项目，组建起项目团队；

项目负责人向全体项目成员讲解本项目的委托服务需求等；

项目负责人带领全体项目组成员研讨；

明确下一步的工作任务及相关要求。

A、B轨指导教师的主要工作任务：

A、B轨教师共同教学设计，制订计划，组织相关会议。

A轨项目负责人讲解分析有关项目运作总体计划与安排；

B轨教师重点指导学生学做《创意简报》、《网站创意设计草案》，辅导学生学习《项目传播要素沟通》内容、作用及相关工作方式等。检查掌握情况等。

B轨学生小组主要的学习工作任务：

明确学习目的，领会《学习指导书》；在B轨教师的带领下，参与立项会，了解教学内容与职业能力目标的对应关系。学习《网站结构及功能规划方案》，学会做《创意简报》、《网站创意设计草案》，掌握《项目传播要素沟通》内容、作用及相关工作方式。与A轨人员同步，进入工作状态，领取设计工作任务。

4.1.2 基于项目运作的教学设计

对应本阶段项目运作的任务设计（参见《指导教案》中教学任务详述）。

（1）教学目的。

通过A轨教师现场演示和示范，使学生了解企业如何在项目运作的初期，在"项目立项会"上组建团队、启动项目和下达工作任务；

通过项目负责人讲解《创意简报》和《项目传播要素沟通》的内容、作用及相关工作方式，使学生了解本项目的相关信息，理解创意设计与各项目传播要素（品牌特征、传播目的、核心信息、受众心理等）之间的密切关系；

通过项目负责人展示和讲解《网站结构及功能规划方案》，使学生了解"网站规划"的工作内容和作用，了解本网站的结构及相应栏目页的内容、后台功能等信息，为此后的创意设计草案奠定基础；

通过项目负责人展示和讲解《网站创意设计草案模板》，使学生了解设计师完成"网站创意设计草案"的工作要求、方法，以及标准文件的撰写规范；

通过项目负责人展示和讲解客户提供素材和参考素材，使学生熟悉创意设计草案的资料状况，为草案拟订打下基础；

通过A轨教师的讲解，使学生了解专业设计师完成创意草案设计的步骤和工作方法、包括素材搜集、整理与分析方法、头脑风暴研讨方法等；

使学生与A轨人员同步，进入工作状态，领取设计工作任务。

（2）教学内容与职业能力目标的对应，参见表4-1中教学内容与职业能力目标对照表。

表4-1　教学内容和职业能力目标对照表

教学内容	职业能力目标
√创意简报 √传播要素沟通 √客供素材资料文件包 √其他参考资料文件包 √网站结构及功能规划方案	专业能力： √能够领会和掌握创意设计与品牌特征、传播目的、核心信息和受众心理等各传播要素的结合方式 √具备基本的网站结构和功能的分析、规划能力
企业中"项目立项"的实操办法及"立项"内容 √会议议程 √项目立项通知 √创意设计草案模板 下一步具体工作任务，以及进度、人员安排计划 √设计素材管理 √头脑风暴法	方法能力： √能够熟练掌握项目运作流程 √能够掌握与运用相关的行业规范 √能够清晰、技巧地撰写与阐述设计方案 √能够合理制订工作计划和对进度进行有效管理
全部上述学习内容 √师生互动交流	社会能力： √能够及时和充分理解工作相关的口头和文字信息 √能够利用语言和文字清晰并有说服力地表达工作相关的意见与建议

（3）本环节教学需提前准备的相关文件。

①《会议议程》；

②《项目立项通知》；

③《创意简报》；

④《项目计划及进度记录表》；

⑤《传播要素沟通》；

⑥《网站结构及功能规划方案》；

⑦《创意设计草案模板》；

⑧《客供素材资料文件包》；

⑨《其他参考资料文件包》。

（4）需在本环节提交的文件及其规范：

项目助理负责《会议纪要》。

注： 以上各点内容来自本环节的《指导教案》。

依照《指导教案》的内容，完成《学习指导书》中对本环节相应的设计。《学习指导书》的具体内容，详见附录"CBFS公益组织网站建设项目教学《学习指导书》"的相应内容。

4.1.3   本环节的教学实施

（1）采用的教学方法：

① 示范与讲解；

② 师生互动交流；

③ 方法能力培训。

实施细节详见本条目"（3）教学实施过程"的示例。

（2）教学实施步骤计划：

以本环节的《会议议程》为准，逐步开展项目教学。见表4-2"项目立项会"会议议程。

表4-2   "项目立项会"会议议程

会议议程

会议日期	2009 年 12 月 7 日		会议地点	北京电子科技职业学院南区 506 教室
召集人	黄睿（Tammy）			
与会人员	黄睿（Tammy）、李梅、白增海、王蕾、唐芸莉、梁东洋 杨雪、何昕、王丹、马鑫秋、孙鹏			
会议记录人	王蕾			

会议主题： "CBFS 公益组织网站建设"——项目立项会

议   程

开始时间	议题	主讲人	参与人	目的
10:00am	会议议程简介 需准备文件： 会议议程；	黄睿	全体与会人员	了解本次会议的相应议程。
10:05am	讲解企业中"项目立项会"的作用	黄睿	全体与会人员	了解企业中召开本会议的作用。
10:10am	发布项目立项通知 需准备文件： ✓ CBFS-WD-0901 - 项目立项通知.doc；	黄睿	全体与会人员	了解本项目的规模及专业团队成员组成。
10:20am	讲解和分析《创意简报》和《项目传播要素沟通》的内容、作用及相关工作方式 需准备文件： ✓ CBFS-WD-0901 - 创意简报.xls； ✓ CBFS-WD-0901 - 传播要素沟通.ppt；	黄睿	全体与会人员	了解本项目的总体状况，明确传播设计的项目需求和理解相关传播要素。
10:40am	展示和讲解《网站结构及功能规划方案》 需准备文件： ✓ CBFS-WD-0901 - 网站结构及功能规划方案.ppt；	黄睿	全体与会人员	清楚了解本网站已经确定的结构及相应栏目页的内容、后台功能等信息

开始时间	议题	主讲人	参与人	目的
11:00am	**了解已有客供素材及参考资料,与设计师研讨并解答疑问** 需准备文件: ✓ 客供素材资料; ✓ 其他参考资料;	A组专业教师	全体与会人员	了解进行创意设计草案的设计的已有资料状况,为创意设计奠定基础。
11:20am	**展示和讲解《网站创意设计草案模板》** 需准备文件: ✓ CBFS-WD-0901 – 网站创意设计草案模板.ppt;	黄睿	B组学生	清楚了解设计师完成"网站创意设计草案"的工作的要求、方法,以及标准文件的撰写规范。
11:40am	**师生互动交流** 需准备文件: ✓ 平面和网页设计素材管理培训-珍珠贝.doc; ✓ 头脑风暴法.doc;	全体与会人员	全体与会人员	清楚了解专业设计师完成创意草案设计的子步骤和工作方法。
12:00am	**1. 研讨确定A组项目运作下一步工作任务及进度安排:** 需准备文件: ✓ CBFS-WD-0901 – 项目计划及进度记录表.xls;	黄睿	A组专业教师	1. 确定相关设计部下一步工作任务及进度计划。
	2. 研讨确定B组学生完成下一步工作任务的各项子任务及进度安排: 需准备文件: ✓ CBFS-WD-0901 – 项目计划及进度记录表.xls;	黄睿、唐芸莉	B组学生	2. 确定相关设计部B组学生下一步的工作任务、子任务划分及进度计划。
12:20am	**会议结束**			

（3）教学实施过程:

① 会议概述详细内容可参见表4-3的"项目立项会"会议纪要表。

表4-3 "项目立项会"会议纪要表

No.	发言人 Speaker	议题 Topic	事项及纪要 Description & Memo	责任人 Responsible
1	项目负责人	会议议程简介	详见本会议议程《项目立项会》	全体成员
2	项目负责人	讲解企业中"项目立项会"的作用	"项目立项会"的作用: 1. 正式启动项目,组建起项目团队并明确团队成员间的分工与配合关系; 2. 项目负责人向全体项目成员讲解本项目的委托服务需求与要求,以及与传播设计相关的客户部(或汇同策部)人员与客户沟通商定的所有相关信息; 3. 项目负责人与项目组成员研讨并回答疑问。如仍有需要与客户沟通落实的问题,由项目负责人与客户继续沟通和及时反馈; 4. 明确下一步的工作任务及相关要求	全体成员

② 发布项目立项通知:

项目立项通知参见表4-4的《项目立项通知》表。

讲解内容包括:客户名称、项目名称、项目编号、项目类别、项目周期、项目概述、各相关部门任务分配、项目组任命(含每个人的具体工作任务)等。

表4-4 《项目立项通知》表

项目立项通知

项目名称	CBFS 公益组织网站建设	项目编号	CBFS-WD-0901
客户名称	China Birth Family Search		
项目类别	网站建设	项目级别	B
申请部门	客户部	立项日期	Dec 7, 2009
项目周期	Dec 7 - Dec 25, 2009	批准人	Jim Swiderski

项目概述
China Birth Family Search 是一个由领养中国儿童的美国家庭的家长们组成的民间组织。该组织建立的主要宗旨是,为同在中国领养孩子的家庭建立一个相互交流的平台,尤其侧重于那些希望帮助领养孩子寻找亲生父母的家长们。
本次网站建设,旨在为组织的成员家庭提供一个面向中国人的网站平台,以便这些被领养孩子的信息可以在此发布,使更多的中国人能够了解,甚至在可能的情况下,帮助这些家庭为孩子们寻找到中国的亲生父母。
其他项目相关信息,详见"创意简报"等项目文件。

各相关部门/组任务分配:

部门/组	职责
项目负责人	1. 客户沟通与洽商、提案与签约; 2. 项目运作的总体规划、管理与协调; 3. 项目进度及质量监控; 4. 参与网站策划及提案准备; 5. 主持内部研讨会并参与意见,从网站设计与传播功能的契合度角度把关
互动媒体设计部	1. 网站视觉创意; 2. 网页界面设计; 3. 网页制作; 4. 网站内容编辑、上传
网站后台程序部	1. 网站前台页面程序代码的撰写; 2. 网站后台功能模块的开发; 3. 网站系统上线的搭建与调试

项目组任命:

项目负责人	黄霄	部门	客户部	职务	客户总监
项目组成员	部门/组	人员		工作任务	
	创意总监	William Xi		审阅创意方案提案、首页设计方案等,并提出指导意见。	
	项目助理	王蕾		1. 准备内部研讨会的会议议程、会议中的记录、会后整理纪要; 2. 协助项目负责人整理客户提供的资料; 3. 根据需要参与客户洽商; 4. 根据需要进行网站内容编辑; 5. 项目的流程及规范化管理	
	网站策划师	Jane Ip		1. 网站策划; 2. 根据需要参与客户提案	
	美术指导兼主设计师	李梅		1. 对设计师的创意设计提出指导与调整意见、建议; 2. 互动媒体设计部的内部项目运作管理; 3. 网站创意及主设计; 4. 网站页面制作及内容编辑的指导	
	设计师	王亚琳		1. 网页设计; 2. 网页制作	
	设计师	白增海		1. 网站 Logo 设计与制作; 2. 根据需要参与网页界面设计与制作	
	后台程序开发	张凯		1. 网站前台页面程序代码的撰写; 2. 网站后台功能模块的开发; 3. 网站系统上线的搭建与调试	

Jim Swiderski   总经理/委托代表   日期 : Dec 4, 09

③ 讲解、分析《创意简报》和《项目传播要素沟通》的内容、作用及相关工作方式：

创意简报参见表4-5"创意简报"表。讲解内容包括：委托服务类型、项目概述（补充立项通知中未讲解的内容）、目标受众分析、客户要求、设计风格（如已经研讨确定）、素材信息、其他相关信息等。

表4-5 "创意简报"表

创意简报

客户名称：	China Birth Family Search		客户行业：	公益组织
项目名称：	CBFS公益组织网站建设		项目编号：	CBFS-WD-0901
项目负责人：	黄睿（Tammy）		下单日期：	7-Dec-09

委托服务类型：（必选项，可多选）				
企业网站设计	☑	包括：网页设计、网页制作		（需要20个工作日）
活动网站设计	☐	包括：		（需要 个工作日）
活动宣传网络媒体设计	☐	包括：		（需要 个工作日）
后台程序开发	☐	包括：		（需要10个工作日）
富媒体创意设计	☐	包括：		（需要 个工作日）
常规Banner类广告创意设计	☐	包括：		（需要 个工作日）
多媒体光盘设计制作	☐	包括：		（需要 个工作日）
Flash动画设计制作	☐	包括：		（需要 个工作日）
企业宣传册设计制作	☐	包括：		（需要 个工作日）
企业VI系统设计	☑	包括：Logo设计		（需要5个工作日）
活动宣传平面设计制作	☐	包括：		（需要 个工作日）
活动现场展示平面设计	☐	包括：		（需要 个工作日）
视频策划及前期拍摄	☐	包括：		（需要 个工作日）
视频后期剪辑制作	☐	包括：		（需要 个工作日）
其他	☐	请详细说明		（需要 个工作日）

讨论会议：	☑ 需要会议讨论，多次，详见进度□ 无需讨论，直接设计			
时间要求：	详见项目进度计划 提交日期(M/D/Y)		完成日期(M/D/Y)：	
特殊需求：（非必填）	无		设计主管签字：	李梅
		如特殊需求，客户总监签字：		黄睿（Tammy）

（请注意，以下信息为方案必需信息，如空缺项将视为无效申请。）

项目概述
填写说明：明确填写传播目的、客户品牌信息、传播的核心信息等概括或分析信息。
1.品牌定位：美国唯一一家由领养家庭发起，专门为领养家庭提供此类服务的非营利性组织，专门为领养家庭帮助领养孩子寻找中国亲生父母提供协助，对象以美国家庭为主，但也可以为其他国家领养中国孩子的家庭提供帮助。
2.品牌个性：有热心、有爱心，即使有一线希望，也会付出百分之百的努力；
3.品牌口号：暂无。
4.网站建立目的：为组织的成员家庭提供一个面向中国人的网站平台，以便这些被领养孩子的信息可以在此发布，让更多的中国人能够了解；以便那些领养父母帮助自己的养子女寻找中国亲生父母的努力得到更多线索和帮助；
5.核心信息：一群外国领养家庭正在为他们的中国孩子寻找中国亲生父母，希望你也能伸出援手！

目标受众
填写说明：说明此次传播针对的目标受众。包括用户基本特征（如年龄、性别、地区分布等）、用户与产品相关的群体特征、受众对传播设计的喜好等。
1.基本特征：寻找失散子女的父母及其亲友；有爱心、愿意帮助别人的中国人；各类中国公益组织、团体。
2.欣赏习惯：目标受众类型范围较广，其欣赏习惯也是多种多样。
3.阅览心理：对本网站信息感兴趣的访客，应会长期关注，因此，只要第一次能够吸引，其后的信息展示即可丰富和细致，而不必担心他们没有耐心阅览。

客户要求
填写说明：客户希望通过此传播设计作品突出的推广重点，CI要求，用色配色要求，美术方面的要求和风格设计信息。
本网站应能够把孩子们的信息（照片、文字等）以动态的方式清晰展示，以方便热心的中国人浏览与跟进。

设计风格
填写说明：如果与客户已经初步沟通了设计风格定位，则在此做清晰界定。
初步意见为：简洁大方，使访问网站的人感觉亲切和轻松，但未明确限定，待提交《创意设计草案》时再与客户沟通。

产品信息
填写说明：客户要推广的产品现阶段的定位及影响，独特性、优势等特别信息，以及客户明确表示不需要传达的信息。
无

素材信息
填写说明：包括客户所提供的素材种类、内容，以及后续还可能提供的原始素材清单。
客户提供了几张图片素材，"关于我们"和"联系我们"等相应的文案翻译稿，客户将于此后陆续提供。
其他网站内容，将在本网站平台搭建起来之后，由该组织向其成员介绍此网站，再陆续从愿意刊发孩子信息的家长那里收集相关资料，自行上传和更新网站内容。

其他信息
填写说明：客户行业相关资讯，以及客户人员掌握的一切与项目相关的信息。
无

项目传播要素沟通的讲解内容包括：品牌认知与理解、核心信息凝练、传播目的聚焦、目标受众剖析等。详见《传播要素沟通》。

《传播要素沟通》的具体内容见图4-1～图4-8：

图4-1 《传播要素沟通》1

图4-2 《传播要素沟通》2

图4-3 《传播要素沟通》3

图4-4 《传播要素沟通》4

图4-5 《传播要素沟通》5

图4-6 《传播要素沟通》6

图4-7 《传播要素沟通》7

图4-8 《传播要素沟通》8

④ 其他专业示范和讲解过程：

网站结构及功能规划方案
讲解内容包括：网站结构图、网站结构规划说明、栏目内容及功能规划等。详见《网站结构及功能规划方案》。
相关说明
本次项目运作的流程与标准流程相比，做出如下调整： a 网站结构规划在与客户初步沟通后已经完成，因此，将不带入项目教学中； b 为使同学们了解客户部与客户沟通时对"传播要素"的分析，特在本次项目立项会中，讲解此部分的内容。在企业的实际项目运作中，这部分工作在项目立项会召开之前，已经由客户部负责人与客户沟通确定后，把相关信息填写在"创意简报"中，而无需再讲解此提案。
项目负责人展示并讲解客户提供的素材资料，包括收养家庭照片素材若干，详见"客供素材资料"文件夹的内容。
项目负责人展示并讲解其他参考素材资料，包括美国领养相关的网站，详见"Adoption Related.rar"的内容。
A轨专业教师研讨和答疑
李设计师：客户在本网站设计过程中，是否还会提供更多图片或相关素材？
项目负责人：暂时不会。这家组织将在此网站上线后，再通过组织内的渠道，向成员们发出这个新建网站的信息，让希望通过此平面发布孩子信息的人，把孩子们的资料整理后，再陆续提交和发布。
网站创意设计草案模板
讲解内容包括：风格定位、创意设计草案——主视觉创意构思、创意设计草案——配色方案、创意设计草案——首页版式布局。详见《网站创意设计草案模板》

《网站结构及功能规划方案》的具体内容参见图4-9～图4-18：

图4-9 《网站结构及功能规划方案》1

图4-10 《网站结构及功能规划方案》2

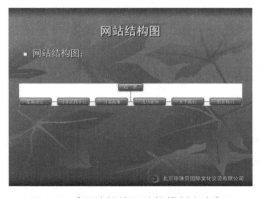

图4-11 《网站结构及功能规划方案》3

图4-12 《网站结构及功能规划方案》4

图4-13　《网站结构及功能规划方案》5

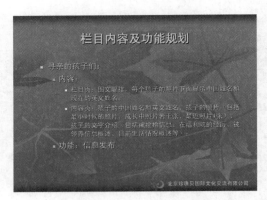
图4-14　《网站结构及功能规划方案》6

图4-15　《网站结构及功能规划方案》7

图4-16　《网站结构及功能规划方案》8

图4-17　《网站结构及功能规划方案》9

图4-18　《网站结构及功能规划方案》10

⑤ 师生互动交流：

老师引导学生提问
怎么做网站创意设计草案？
项目负责人回答
在设计师从客户部领到这项工作任务后，要把工作任务拆分成子任务，采取适当的工作方法开展工作。具体子步骤和工作方法是：
1. 搜集素材：搜集素材、分类和使用素材的办法。
2. 项目组内部召开头脑风暴会，形成创意草案的构思：组织和开展头脑风暴研讨会的目的是借助团体力量汇集和启发风暴般的思潮来开展创意活动，原则是不能评判他人的主意；提倡不受拘束的自由发言；提倡参会成员间主意的"互相借鉴"，以求创意的螺旋式上升；提倡轮流发言。
3. 根据《网站创意设计草案》PPT的要求，设计、撰写《网站创意设计草案》。

⑥ 明确后续工作任务及安排：

发言人 Speaker	议题 Topic	事项及纪要 Description & Memo	责任人Responsible	时间结点 Deadline
项目负责人 唐老师	后续工作任务及安排	A轨专业教师的工作任务及安排		
		1. 完成《网站创意设计草案》所要求的两套初稿方案	李设计师、王设计师	12/11，上午
		2. 设计网站Logo，完成2个Logo方案	白设计师	12/11，上午
		B轨学生的工作任务及安排：项目组再分为两个小组，每个小组像A轨设计师一样，按阶段性工作任务要求，完成《网站创意设计草案（初稿）》		
		1. 搜集素材：B轨学生根据设计师讲解的方法，搜集创意草案设计和可参考的素材资料，并将搜到的素材打包提交	B轨学生、教师唐芸莉、助教梁东洋	12/7下班前
		2. 项目组内部召开头脑风暴会，形成创意草案的构思：B轨学生以各自搜集的素材为基础，组内开展头脑风暴研讨会，形成创意草案的构思。此研讨会学生们也需要做会议纪要并提交	B轨学生、唐老师、梁助教	12/8，上午10点前
		3. 根据要求，设计、撰写《网站创意设计草案（初稿）》	B轨学生每组完成一套《网站创意设计草案（初稿）》方案	12/11，上午

具体实施可参见表4-6的"项目工作计划表（局部）"。

表4-6 项目工作计划表（局部）

项目名称	责任人	编号	工作任务	开始日期	开始时间	结束日期	结束时间	执行者	部门	当前状况	附件	传达
CBFS公益组织网站建设	黄睿	1	项目立项会	7-Dec-09	10:30	7-Dec-09	12:00	项目组全体成员	客户部、互动媒体设计部、B组		项目立项文件包、会议纪要	全体与会人员
CBFS公益组织网站建设	李梅	2.A	网站创意设计草案的拟订	8-Dec-09	8:30	11-Dec-09	10:00	李梅、王亚琳、白增海	互动媒体设计部		CBFS-WD-0901-创意设计草案（初稿）.ppt、网站Logo方案2个	黄睿、李梅、王蕾
CBFS公益组织网站建设	黄睿	3	网站创意设计草案初稿研讨会	11-Dec-09	13:30	11-Dec-09	15:30	项目组全体成员	客户部、互动媒体设计部、B组		会议纪要及附件	全体与会人员
CBFS公益组织网站建设	王亚琳	4.A	网站创意设计草案内部修改定稿	12-Dec-09	8:30	12-Dec-09	17:30	王亚琳	互动媒体设计部		CBFS-WD-0901-创意设计草案（修改稿）.ppt	黄睿、李梅、王蕾
CBFS公益组织网站建设	黄睿	5	网站设计任务说明研讨会	14-Dec-09	10:45	14-Dec-09	12:00	项目组全体成员	客户部、互动媒体设计部、B组		会议纪要及附件	全体与会人员
CBFS公益组织网站建设	王亚琳	6.A	网站首页初稿设计	14-Dec-09	13:30	17-Dec-09	17:30	王亚琳	互动媒体设计部		网站首页设计初稿（JPG效果图）	黄睿、李梅、王蕾
CBFS公益组织网站建设	黄睿	7	网站首页初稿研讨会	16-Dec-09	15:50	16-Dec-09	18:00	项目组全体成员	客户部、互动媒体设计部、B组		会议纪要及附件	全体与会人员
CBFS公益组织网站建设	王亚琳	8.A	网站首页内部修定稿	16-Dec-09	17:30	17-Dec-09	17:30	王亚琳	互动媒体设计部		网站首页设计方案（JPG效果图）	黄睿、李梅、王蕾
CBFS公益组织网站建设	王亚琳	9.A	网站栏目页初稿设计	18-Dec-09	8:30	21-Dec-09	17:30	王亚琳	互动媒体设计部		网站栏目页设计初稿（JPG效果图）	黄睿、李梅、王蕾
CBFS公益组织网站建设	黄睿	10	网站栏目页初稿研讨会	22-Dec-09	15:30	22-Dec-09	17:00	项目组全体成员	客户部、互动媒体设计部、B组		会议纪要及附件	全体与会人员
CBFS公益组织网站建设	王亚琳	11.A	网站栏目页内部修改稿	23-Dec-09	8:30	23-Dec-09	17:30	王亚琳	互动媒体设计部		网站栏目页设计初稿（JPG效果图）	黄睿、李梅、王蕾
CBFS公益组织网站建设	王亚琳	12.A	网站栏目页及内容页完稿设计	24-Dec-09	8:30	25-Dec-09	11:00	王亚琳	互动媒体设计部		网站栏目页及内容页文件包	黄睿、李梅、王蕾
CBFS公益组织网站建设	黄睿	13	网站栏目页及内容页完稿研讨会	25-Dec-09	15:00	25-Dec-09	16:30	项目组全体成员	客户部、互动媒体设计部、B组		会议纪要及附件	全体与会人员
CBFS公益组织网站建设	王亚琳	14.A	网站栏目页及内容页修改稿	26-Dec-09	8:30	27-Dec-09	17:30	王亚琳	互动媒体设计部		网站栏目页及内容页修改稿文件包	黄睿、李梅、王蕾
CBFS公益组织网站建设	王亚琳	15.A	网站页面制作	28-Dec-09	8:30	30-Dec-09	17:30	王亚琳	互动媒体设计部		生成的网站页面文件包	黄睿、李梅、王蕾
CBFS公益组织网站建设	A组	16.A	撰写项目总结报告	7-Jan-10	8:30	7-Jan-10	12:00	A组全体成员	客户部、互动媒体设计部		项目总结报告	黄睿、王蕾
CBFS公益组织网站建设	黄睿	17	项目总结研讨会	8-Jan-10	14:30	8-Jan-10	17:00	项目组全体成员	客户部、互动媒体设计部、B组		会议纪要	全体与会人员

4.1.4　本环节项目运作和教学结果

（1）项目运作成果：

① A轨专业设计师、B轨学生均了解了项目立项会中讲解的各相关信息；

② A轨专业设计师、B轨学生均清楚下一步骤的工作任务和进度要求。

（2）重点教学成果：

① 学生领会了创意设计与品牌特征、传播目的、核心信息和受众心理等各传播要素相结合的要求；

② 学生了解了专业设计师完成创意草案设计的子步骤和工作方法，包括素材搜集、整理与分析方法，头脑风暴研讨方法等。

4.2

拟订和确认网站创意设计草案

4.2.1　任务2：拟订网站创意设计草案

A、B轴指导教师的主要工作任务：

教学设计；制订计划，准备教学文件；组织相关会议；B轴教师重点指导学生搜集整理相关素材。实施"双轴交互并行"教学模式，对学生进行设计、创意辅导；召集学生做阶段性提案的研讨和点评。

B轴学生小组主要的学习任务：

明确学习任务，学习领会《教学内容与职业能力目标对照表》。在B轴教师的带领下，参与"头脑风暴"，进行设计创意思维训练，学会网站风格设计定位，形成构思草图若干；能够进行阶段性方案的展示和推介。

4.2.1.1 本环节的教学设计

（1）项目运作的阶段性工作任务：

① 在"项目立项会"上，项目负责人向全体与会人员讲解的项目的相关资讯（包括客户提供资讯、本公司客户及策划人员向客户提供并获得确认的方案等），设计师搜集与运用创意素材，设计团队内部头脑风暴。

② 确定该项目网站的风格定位，并形成不少于两套的创意设计构思草案，包括色彩方案和版式布局方案。

③ 根据《创意设计草案模板》与撰写规范，拟订《创意设计草案》。

（2）基于项目运作的教学设计：

本环节教学任务的设计以本阶段的项目运作任务为依托（即《指导教案》中教学任务详述此环节的内容）：

① 教学目的：

通过B轨教师（必要时A轨教师协助）组织、安排学生搜索和整理参考素材，以及开展组内头脑风暴等方式，使学生学会做设计准备，训练网站设计风格定位的创意构思等专业能力；

通过学习项目立项会的前期相关文件（《创意简报》、《网站结构及功能规划方案》等），运用企业工作方法和规范，训练学生的《网站创意设计草案》设计和撰写能力；

通过分组拟订创意设计草案的过程，增强学生的团队合作意识。

② 教学内容与职业能力目标的对应参见表4-7。

表4-7 教学内容与职业能力目标对照表

教学内容	职业能力目标
√创意设计与各传播要素的结合方式 √网站设计风格定位 √网站主视觉创意构思 √网站配色方案 √网站首页版式布局 √创意设计草案的拟订	专业能力： √能够领会和掌握创意设计与品牌特征、传播目的、核心信息和受众心理等各传播要素的结合方式 √初步具备网站设计风格定位的创意构思和理解、把握能力 √能够根据传播要素、网站结构规划和风格定位进行主视觉创意构思，配色方案设计和首页版式布局规划 √能够清晰、技巧地撰写与阐述设计方案
√设计素材的搜集、分析、使用与管理 √网站主视觉创意构思 √团队头脑风暴	方法能力： √能够对相关资讯和素材进行搜集、整理、分析与借鉴 √能够独立进行创意性思维 √能够通过团队头脑风暴的方式激发创意 √能够合理制订工作计划和对进度进行有效管理
√设计素材的搜集、分析、使用与管理 √创意设计草案的拟订	社会能力： √能够根据需要，合理地组织与协调团队工作 √能够有效地进行团队合作（沟通、包容、互补、激励） √养成关注结果，竭尽全力达成工作目标的责任感和意志力的习惯

③ 在本环节教学前需要准备的文件：

《平面和网页设计素材管理培训》与《头脑风暴法》。

④ 需在本环节提交的文件及其规范：

设计师和学生都要提交《网站创意设计草案（初稿）》，具体内容及格式规范参见《网站创意设计草案模板.ppt》。

项目助理负责更新后的《项目计划及进度记录表》。

B轨指导教师负责更新后的《B轨阶段性工作记录》。

注：以上各点内容来自本环节的《指导教案》。

依照《指导教案》的内容，完成《学习指导书》本环节相应的设计。《学习指导书》的具体内容，详见附录：CBFS公益组织网站建设项目教学《学习指导书》的相应内容。

4.2.1.2 "双轨并行"教学模式的实施办法

请读者对照本环节相关实操内容，理解以下"并行"阶段的教学实施细则。

（1）在双轨"并行"阶段，A轨的专业人员将以"项目运作"为首要任务，严格按照客户和项目要求的进度及质量，执行和尽力完成该阶段的工作任务，可作为学生的示范。

（2）在这一阶段，根据任务的难易程度，以及学生的实际工作能力状况，B轨学生将以个人或小组的形式，依据项目运作/教学流程、项目运作规范及行业标准，执行与A组专业人员相同的工作任务，并以相同的时间结点为准，如期提交《设计方案（草稿）》。

（3）在这一阶段，B轨指导教师承担主要的教学工作，包括组织学生实施项目教学计划中的各项实战练习，如设计素材的搜集与分析、头脑风暴会等，个别指导学生学习工作任务中的具体问题。B轨指导教师同时相当于企业中的"美术指导"，承担B轨学生工作质量、进度、规范化等方面的监督与管理工作。

（4）在"双轨并行"的教学环节，A轨专业人员可视情况参与"项目教学"。他们在此时的"教学任务"主要是，项目负责人明确布置"双轨交互"环节的工作任务及其要求、客户意见等；A轨美术指导/主设计师检查B轨学生阶段性学习或工作情况，提出意见和建议；流程员同时对B轨学生的进度及规范化运作情况进行检查并汇总上报。

4.2.1.3 本环节的教学实施方法

（1）采用的教学方法。

（2）引导性练习。

（3）方法能力练习。

实施细节详见本条目"（5）教学实施过程"的示例。

（4）教学实施步骤计划。

依照"项目立项会"中研讨确定的B轨学生的工作任务及安排，逐步进行，并按时提交各项成果。

发言人 Speaker	议题 Topic	事项及纪要 Description & Memo	责任人 Responsible	时间结点 Deadline
项目负责人、 唐老师	后续工作任务及安排	B轨学生的工作任务及安排：项目组再分为两个小组，每个小组像A轨设计师一样，按阶段性工作任务要求，完成《网站创意设计草案（初稿）》		
		1. 搜集素材：B轨学生根据设计师讲解的方法，搜集创意草案设计和可参考的素材资料，并打包提交	B轨学生、唐老师、梁助教	12/7，下班前
		2. 项目组内部召开头脑风暴会，形成创意草案的构思：B轨学生以各自搜集的素材为基础，组内开展头脑风暴研讨会，形成创意草案的构思。此研讨会学生们也需要做会议纪要并提交	B轨学生、唐老师、梁助教	12/8，上午10点前
		3. 根据要求，设计、撰写《网站创意设计草案（初稿）》	B轨学生每组完成一套《网站创意设计草案（初稿）》方案	12/11，上午

（5）教学实施过程。

① 素材搜集与整理练习。B轨教师组织学生小组学习"项目立项会"下发的文件，分别搜索网站创意设计构思所需的创意参考图、参考网站等素材，并在此过程中，给予提示性引导。

图4-19　B轨学生"素材搜集与整理练习"——创意设计草案阶段

② B轨学生参与"头脑风暴会"，学习感受创意思维。本次会议纪要由B轨学生组长杨同学记录，并整理提交给B轨指导教师。具体内容如下：

No.	发言人 Speaker	议题 Topic	事项及纪要Description & Memo	责任人 Responsible	时间结点 Deadline
1	全体项目组成员	网站风格定位的研讨	唐老师：大家就网站风格定位做开放式研讨 杨同学：以暖色为主，给人一种温馨感 王同学：色彩亮丽大方，有欧美的感觉 孙同学：要大气 李同学：网站要设计得简单些，不能太繁琐 马同学：要有典雅的感觉 何同学：要大气，庄重 全体共同意见： 1. 暖色要保证，这是客户的要求； 2. 设计大气，以显示欧美风格，这个思路可取； 3. 因为客户的公益性质，网站的风格要能够带给人温暖、亲情、家的感觉	B轨学生	12/8，上午
2	唐老师	网站主视觉创意的研讨	唐老师：请你们谈一下对这个网站主视觉创意的想法 马同学：参考一个网站，底图用了旧报纸的设计，可以考虑做成"寻人启事"的样子 何同学：创造一种宽广的效果 杨同学：用Flash或者使用鲜亮的色彩使画面吸引人 孙同学：可以创造出"家"的感觉，配上中西结合的装饰品 王同学：用图文混排，以图片吸引人 唐老师：虽然开头脑风暴会不能够否定彼此的想法，但有偏差的时候，我还得提醒大家，客户没有要求我们做Flash，这个不在合约中，所以不能够考虑使用这种表现形式。其他的想法都不错。请你们再继续深化，形成创意设计草图。注意主视觉创意和配色方案的协调性	B轨学生	12/8，上午
3	唐老师	下一步工作任务	整理会议纪要： 根据标准模板要求，设计草图、配色方案和版式布局方案，并撰写说明	杨同学 B轨学生	12/8，下班前 12/11，上午10点前

③ 拟订创意设计草案。各学生小组在头脑风暴会的基础上，通过互相研讨激发出新的或进一步清晰化的创意，结合自己对搜集到的参考素材的分析，完成"主视觉创意构思"的草图设计。

草图设计完成后，学生根据A轨专业设计师使用的《创意设计草案》标准模板的相关要求，完成其他部分的设计与阐述文字的撰写工作。

在此过程中，B轨指导教师持续给予学生及时和必要的指导。

④ B轨阶段性工作记录。B轨指导教师在此教学任务中，随时发现问题和解决问题，并记录本阶段学生们普遍存在的问题和疑惑，以及本阶段为学生们补充讲解的知识或专业基础技能。

此阶段的工作记录表（B轨阶段性工作记录.xls）详见"任务3：网站创意设计草案初稿研讨会"中相应内容。

⑤ 项目教学的进度及规范化管理。B轨助教对B轨学生在项目运作过程中的进度及规范化执行情况，进行监督，并在本阶段B轨项目运作/教学任务结束时，及时更新《项目计划及进度记录表》，提交A轨项目助理（兼任整个项目运作的"流程员"）。

B轨更新的《项目计划及进度记录表》详见"任务3：网站创意设计草案初稿研讨会"中相应内容。

4.2.1.4　本环节项目运作和教学结果

（1）项目运作成果

① A轨设计师完成的《创意设计草案（初稿）.ppt》。
② 设计师作品展示详见"任务3：网站创意设计草案初稿研讨会"中相应内容。
③ A轨设计师在此阶段，搜集与整理了参考素材文件包。

图4-20　A轨教师"素材包"——创意设计草案阶段

（2）重点教学成效

① B轨学生阶段性作品：杨同学小组的《网站创意设计草案》；王同学小组的《网站创意设计草案》。部分学生作品展示参见"任务3：网站创意设计草案初稿研讨会"中相应内容。

② 其他学习成效：通过头脑风暴会同学们学会了相互激发创意的方法；学会了如何分析网络上搜索的素材和整理运用素材的方法。

4.2.2   任务3：研讨网站创意设计草案初稿

A、B轨指导教师的主要工作任务：

教学设计；制订计划，组织相关会议；B轨教师重点指导学生学习创意思维方法，辅导学生学习如何阐述自己的设计草案思路等。明确强调如何修改草案。

B轨学生小组主要的学习任务：

明确工作目的；在B轨教师带领下，参与研讨会，了解教学内容和职业能力目标的对应关系。学习创意设计草案创意的思维方式和草案阐述的要点和技巧，领会创意设计与传播目标的关系。明确草案修改意见。

4.2.2.1   本环节的教学设计

（1）项目运作的阶段性工作任务。

① 召开研讨会，听取设计师《创意设计草案》阐述；

② 全体项目团队成员共同研讨，达成一致意见，以此为基础，布置修改任务。

（2）基于项目运作的教学设计。

本环节的教学任务设计以本阶段的项目运作任务为依托（即《指导教案》中教学任务详述此环节内容）：

① 教学目的：通过主设计师《创意设计草案》的讲解示范，训练学生创意设计草案创意的思维方式，以及草案阐述的要点和技巧；

通过A轨专业教师之间对草案修改意见的研讨示范，引导学生进一步领会创意设计与传播目标的关系；

通过听取A轨专业教师和B轨指导教师的点评，使学生了解自己创意设计草案的优点和不足；明确并理解草案修改意见。

② 教学内容与职业能力目标的对应：见表4-8。

表4-8　教学内容与职业能力目标对照表

教学内容	职业能力目标
√创意设计与各传播要素的结合方式 √网站设计风格定位 √网站主视觉创意构思 √网站配色方案 √网站首页版式布局	专业能力： √领会和掌握创意设计与品牌特征、传播目的、核心信息和受众心理等各传播要素的结合方式 √初步具备网站设计风格定位的创意构思和理解、把握能力 √能够根据传播要素、网站结构规划和风格定位进行主视觉创意构思，配色方案设计和首页版式布局规划，并以此为基准，贯穿运用于整个网站的设计中
√《创意设计草案》的讲解	方法能力： √能够清晰、技巧地阐述设计方案
√《创意设计草案》的讲解 √师生互动交流	社会能力： √能够利用语言和文字清晰并有说服力地表达工作相关的意见与建议

③ 在本环节教学前需要准备的文件为项目助理负责的会议议程。

④ 需在本环节提交的文件及其规范：项目助理负责的会议纪要；主设计师负责《设计修改单》。填写内容及规范以《设计修改单模板及填写规范》为准。

注：以上各点内容来自本环节的《指导教案》。

依照《指导教案》的内容，完成《学习指导书》本环节相应的设计。《学习指导书》的具体内容，详见附录：CBFS公益组织网站建设项目教学《学习指导书》的相应内容。

4.2.2.2　"双轨交互"的实施办法

请读者参照本环节的实操内容，理解以下"交互"教学的实施细则。

（1）专业化项目运作的示范环节。

A轨专业教师先向B轨学生进行专业示范，包括工作任务说明与沟通、方案阐述、方案研讨与统一修改意见等。A轨教师一方面要保持常规工作形态，向学生展示项目运作的"真实面"，另一方面，要注意专业术语的使用，需保证学生们能够理解。这一步骤实质上是在展开真实项目运作情境，对于学生是个非常好的现场观摩和示范的教程，学生不仅融入其中，亲身体验和感受真实的工作，而且，还可从专业人士有针对性的示范中，得到直接、具体的启发和收获。

（2）针对学生的点评与指导环节。

A轨专业教师需要在此环节"点评指导"。B轨学生先进行方案阐述，再由A轨专业教师和B轨指导教师，对照A轨专业教师的方案，进行点评和指导，并明确提出修改意见和建议。学生理解了自己方案中的优点和不足，进一步深化理解相关职业能力。

（3）师生互动交流环节。

通过B轨指导教师介绍学生"工作"中普遍存在的问题和困惑，流程员将对学生前面工作任务的进度及规范化执行情况进行汇报，可使全体团队成员对B轨学生的实际状况有所了解，并强化学生对项目流程管理及规范化运作的意识。此步骤同时进行开放式交流，以解决学生们提出的问题；进一步加深其对本阶段相关知识与能力要点的理解。

（4）明确工作任务环节。

　　每一次双轨交互的教学环节最后一步，都将由项目负责人明确A轨专业团队及B轨学生下一步的工作任务及进度要求。A轨和B轨学生领取了工作任务后，将进入下一个"双轨并行"，按要求分别展开相应的阶段性工作任务。

4.2.2.3　本环节的教学实施

（1）采用的教学方法。

① 示范与讲解；

② 点评与分析；

③ 师生互动交流。

实施细节详见本条目"（3）教学实施过程"的示例。

（2）教学实施步骤计划。

　　以本环节的《会议议程》中的安排为依据，逐步开展项目教学。见表4-9。

表4-9　《会议议程》

开始时间	议题	主讲人	参与人	目的
13：30	会议议程简介 需准备文件： 会议议程	黄老师	全体与会人员	了解本次会议的相应议程
13：35	讲解企业中"创意设计草案初稿研讨会"的作用	黄老师	全体与会人员	了解企业中召开本会议的作用
13：40	阐述《创意设计草案》 需准备文件： 创意设计草案（初稿）.ppt	李设计师、王设计师	全体与会人员	1. 全体与会人员了解专业设计师的方案思路； 2. B轨学生了解A轨从专业角度如何做方案阐述
13：55	研讨确定修改意见	A轨教师	全体成员	形成统一的方案修改意见。
14：15	B组方案阐述及教师点评 1. B轨学生代表分组进行方案阐述； 需准备文件： √各学生组的创意设计草案初稿； 2. A轨专业教师进行点评，并明确修改意见	B轨各小组代表 A轨教师	全体成员	1. 审视B轨学生方案的设计成果。 2. B轨学生了解方案的设计优缺点和修改思路
15：15	师生互动交流 1. "双轨并行"阶段的学生工作和学习情况沟通及交流； 需准备文件： √B轨阶段性工作记录.xls 2. 汇报A、B轨项目进度执行情况、规范化运作情况 需准备文件： √更新的《项目计划及进度记录表.xls》； 3. 自由交流	唐老师 流程员 全体与会人员	全体成员	1. A轨专业教师了解B轨学生在"双轨并行"阶段的问题； 2. 为B轨学生答疑解惑； 3. 了解A、B轨的项目进度及规范化执行情况

开始时间	议题	主讲人	参与人	目的
15：30	1. 研讨确定A轨项目运作下一步工作任务及进度安排： 需准备文件： √项目计划及进度记录表。 2. 研讨确定B轨学生完成下一步工作任务的各项子任务及进度安排： 需准备文件： √项目计划及进度记录表	黄老师 黄老师、唐老师	A轨专业教师 B轨学生	1. 确定相关设计部下一步工作任务及进度计划。 2. 确定相关设计部B轨学生下一步的工作任务、子任务划分及进度计划
15：45	会议结束			

（3）教学实施过程。

① 会议概述：见表4-10。

表4-10 《会议纪要》

No.	发言人 Speaker	议题 Topic	事项及纪要 Description & Memo	责任人 Responsible
1	项目负责人	会议议程简介	详见本会议议程 "创意草案初稿研讨会doc"	全体与会人员
2	项目负责人	讲解企业中"创意草案初稿研讨会"的作用	"创意草案研讨会"的作用：1. 听取设计师《创意设计草案》阐述；2. 全体项目组成员共同研讨，形成统一意见，并以此为基础，下达修改任务	B轨学生

② 设计师阐述及专业研讨，参见图4-21～图4-23。

图4-21　A轨设计师《创意设计草案》方案一

创意设计草案的阐述
A. <u>总体风格定位</u>：色彩使用暖色调，创造一种温暖的感觉；版式简洁，体现欧美风格；在设计中争取融入一些中式元素。
B 方案一（李设计师）： a <u>创意点</u>：组织名称的直译意思是"寻找中国亲生家庭"，因此包括一种"寻根"的意向，根据这个思路，以绿叶或大树作为根枝的寓意，把主题思想与人物形象相结合，拉近中国父母及浏览者的距离； b <u>版式布局</u>：采用欧美流行的网页布局，首屏是主视觉，第二屏是网站的栏目信息，把网站的整体形象和信息的传递很好的融合在一起； c <u>配色方案</u>：主色调采用绿色，配以大地的黄色，从视觉上传播出乡土的信息，让人感觉温暖舒适。

图4-22　A轨设计师《创意设计草案》方案二

| C 方案二（王设计师）：
a <u>创意点</u>：组织名称的直译意思是"寻找中国亲生家庭"，寻亲的路虽然会有坎坷，但必定是充满爱和寻找爱的路程，以爱为主线，心形为视觉主体元素，直接传达网站建设的核心信息，使首次登陆者第一眼就感受到；
b <u>版式布局</u>：采用欧美自由式上下布局，首屏是主视觉及重要信息，第二屏是网站主要栏目版块，主次分明又不失整体；
c <u>配色方案</u>：主色调采用粉红色，配以橙色光晕，从视觉上传播出希望、温暖、关爱的信息，让人感觉温暖和阳光。 |

经过研讨确定的修改意见如下：

方案一
◆ 项目负责人：
版式布局：在首页第二屏的版式规划中，"寻亲的孩子们"要放在"关于我们"上面，位置进行互换，因为，对这个网站感兴趣的受众是那些想更多了解孩子们信息的人，而不会把第一关注重点放在这家组织是谁。如果想把"关于我们"展示出来，也可考虑放到第一屏右下角的地方。

◆ 创意总监：
主视觉创意："寻根"的创意点很好，但要注意加强"寻找血缘关系的寻亲"这一信息的视觉传达，因为这些孩子的"寻根"与其他"寻根"或"寻亲"的人群不相同。视觉创意中就要注意把这个意向传递出去。

方案二
◆ 李设计师：
a 版式布局：因为这个网站的栏目较少，建议首页做一屏，目前方案中第二屏的三个版块可以删掉，版权信息提到第一屏底部，其他栏目通过主导航引导就可以   b 主导航栏的设计：建议把主导航栏的中文和英文都放在白底的区域，以加强导航的识别性与清晰度。
◆ 创意总监：
a 主视觉创意：以"爱心"这个主题为创意，既符合这家组织的定位，也契合于目标受众，因此核心信息的视觉传达非常直接鲜明。但，主视觉图中"心"的设计应更加清晰和有层次感   b 配色方案：色彩的运用与核心信息相统一，进一步加强了主视觉的传播效果   c 版式布局：第一屏的版式简洁、朴素，虽然给人感觉设计感弱一些，但对于这样一家美国公益组织，这种朴素感更容易让受众信赖和愿意帮助。
◆ 项目负责人：
a 主视觉创意：如果在主视觉图的位置增加一张领养家庭的照片，最好再增加一句主题语，进一步说明这个网站的核心信息——帮助被领养的孩子寻找亲人，否则也还有可能让人产生误解，因领养家庭的照片多是很欢快的全家福。   b 版式布局：不要把"关于我们"单独规划为一个版块放在页面的左上角，这样过于强调这个版块，而可能影响到右侧其他版块的信息传递。建议把"关于我们"融入主视觉图中。

注：以上文字摘自本次研讨会的会议纪要《创意草案初稿研讨会》

③ B轨学生方案阐述及教师点评：每个B轨学生小组的主设计师（组长）代表本组，阐述两套创意设计草案，其他组员补充。之后，A轨专业教师对B轨学生的创意草案做出点评与指导。

在此，列举学生的创意设计草案，说明此教学实施过程。

图4-23　B轨学生《创意设计草案》方案示例

王同学小组：

学生方案阐述
a 主视觉创意：使用在报纸上刊发"寻亲的孩子们"信息的设计，制造一种"寻人启事"的感觉；
b 配色方案：主色调采用复古的颜色和风格；
c 版式布局：采用左右结构，这样可发布的信息量大，图文混排的表现形式使画面整齐又富有条理性。
教师点评意见
◆ 项目负责人：
a 主视觉创意：创意很值得肯定！有想法，而且也与此网站的传播功能相符合；
b 版式布局：在你们想设计的报纸上，是否安排"寻亲的孩子们"这个版块，还是在这里设计一张"寻人启事"一样的主视觉图片。如果是主视觉图，那么，在这个首页版块中，就没有"寻亲的孩子们"这个栏目了。由于"成功案例"比较少，可以考虑删掉，而用"寻亲的孩子们"代替。
◆ 李设计师：
a 版式布局：布局规划图要按照接近真实的比例绘制，原因在于这一个方案点评已经解释过，不再重复了；
b 配色方案和风格：复古的颜色和风格并不适合于这个项目，因为这些想寻找亲生家庭的孩子们，年龄定位在十几岁，而不是"落叶归根"式的寻亲。要把握好"十几岁的孩子寻亲"应该是什么样的色彩，再仔细体会，对方案做适当的调整。

④ 师生互动交流。由B轨教师向A轨教师介绍B轨学生在《创意设计草案》初稿设计过程中遇到的困难和普遍存在的问题，并通过师生互动交流，使B轨学生了解在上一教学任务中，本组的不足及需改进的地方。"阶段性工作记录"如下：

阶段性工作记录			
文件编号：		CBFS-WD-0901-WR-01	
项目名称	CBFS公益组织网站建设	教学阶段	网站创意设计草案的拟订
开始日期	8/Dec	完成日期	11/Dec
教学班级	CBFS组	指导学生	杨同学、何同学、王同学、马同学、孙同学
指导教师	唐老师	更新日期	11/Dec

本阶段学生普遍存在的问题：
1. 选取的素材与项目的相关性还有待加强；
2. 对素材的分析能力仍需进一步在练习中提高；
3. 对网站风格定位不准确，需要进一步加强项目分析能力。
4. 对网站结构图不了解。
5. 网站版式布局图与网站结构图的关系与区别不了解。
6. 网站功能不了解。
本阶段学生普遍提出的问题：
1. 素材网站通常有哪些？
2. 配色方案如何确定？
3. 网站结构图是什么？
4. 网站布局图与网站结构图的区别是什么？
5. 创意草案设计图与网站布局图的区别是什么？
6. 创意草案设计图与首页设计稿的区别是什么？
7. 网站常用功能。

本阶段补充教学的内容：
1. 网页设计常用的素材网站。 2. 色彩案例教学。 3. 网站策划知识点——网站结构图与网站导航之间的联系与区别。 4. 网站布局图与网站结构图之间的联系。 5. 网站后台开发常用功能。

由A轨项目助理汇报A轨项目进度及规范化执行情况，B轨助教汇报B轨学生项目进度执行情况、规范化运作情况：见表4-11更新后的《项目计划及进度记录表》。

表4-11 更新后的《项目计划及进度记录表》

项目名称	责任人	编号	工作任务	开始日期	开始时间	结束日期	结束时间	执行者	部门	当前状况	附件	传达
CBFS公益组织网站建设	黄睿	1	项目立项会	7-Dec-09	10:30	7-Dec-09	12:00	项目组全体成员	客户部、互动媒体设计部、B组	已完成	项目立项文件包、会议纪要	全体与会人员
CBFS公益组织网站建设	李梅	2.A	网站创意设计草案的拟订	8-Dec-09	8:30	11-Dec-09	10:00	李梅、王亚琳、白增海	互动媒体设计部	已按时提交	CBFS-WD-0901－创意设计草案（初稿）.ppt、网站Logo方案2个	黄睿、李梅、王蕾
	杨雪	2.B1	参考资料搜索、项目资料研究学习	7-Dec-09	13:30	7-Dec-09	17:30	杨雪、何昕	B1组	按时提交了参考资料文件包	参考资料文件包	唐芸莉、王蕾
	王丹	2.B1	参考资料搜索、项目资料研究学习	7-Dec-09	13:30	7-Dec-09	17:30	王丹、马鑫秋、孙鹏	B2组	按时提交了参考资料文件包	参考资料文件包	唐芸莉、王蕾
	杨雪	2.B2	头脑风暴研讨会	8-Dec-09	8:30	8-Dec-09	10:00	唐芸莉、杨雪、何昕、王丹、马鑫秋、孙鹏、梁东洋	全组成员、B组老师	已按时开会，杨雪提交了会议纪要	会议纪要	全体与会人员、王蕾
	杨雪	2.B3	拟订创意设计草案	8-Dec-09	10:30	11-Dec-09	10:00	杨雪、何昕	B1组	已按时提交	CBFS-WD-0901－创意设计草案（初稿）－杨雪小组.ppt	黄睿、唐芸莉、王蕾
	王丹	2.B3	拟订创意设计草案	8-Dec-09	10:30	11-Dec-09	10:00	王丹、马鑫秋、孙鹏	B2组	已按时提交	CBFS-WD-0901－创意设计草案（初稿）－王丹小组.ppt	黄睿、唐芸莉、王蕾

在自由交流环节，项目负责人对本阶段B轨学生方案中普遍出现问题的点评：

在"项目立项研讨会"中曾经讲解过，客户要求用暖色调的色彩，营造一种温暖、爱心的感觉，但是，你们组的几个方案中，暖色调、温馨感都非常少，却选择了色彩鲜亮的颜色，挑选的参考网站都比较偏年轻化。总体风格定位一定要把握好，不能因为某些网站个人感觉好看，就拿来使用。这样的设计不是传媒艺术设计，因为它脱离了客户品牌特征、项目传播信息和目的、目标受众特点和接受习惯这三个决定因素对设计的要求。

⑤ 后续工作任务及安排如下：

发言人 Speaker	议题 Topic	事项及纪要 Description & Memo	责任人 Responsible	时间结点 Deadline
项目负责人	后续工作任务及安排	A轨专业教师的工作任务及安排		
		根据会议研讨确定的意见，完成创意设计草案的修改	王设计师	12/12，晚
		B轨学生的工作任务及安排		
		1. B轨指导教师填写"设计修改单"，并交A轨主设计师复核后，下发给学生	唐老师、李设计师	12/10，下班前
		2. 根据研讨提出的意见，修改创意设计草案	B轨各小组学生	12/12，晚

4.2.2.4　本环节项目运作和教学结果

（1）项目运作成果。

研讨确定了A轨设计师《创意设计草案》的修改意见。设计师填写《设计修改单》并提交项目负责人或创意总监审核确认，作为后续《创意设计草案》修改的依据。

（2）重点教学成效。

研讨确定了B轨各小组同学《创意设计草案》的修改意见，并由B轨指导教师填写各学生组的《设计修改单》，经A轨主设计师复核确认，作为B轨学生后续草案修改的依据。

B轨学生学会了专业设计师创意设计草案的创意思维方式，以及阐述草案设计思路的要点和技巧。

B轨学生进一步领会了创意设计与传播目标的关系。

B轨学生了解了自己创意设计草案的优点和不足，理解了"修改意见"明确该如何修改。

4.2.3　任务4：内部修改、确定网站创意设计草案稿

A、B轨指导教师的主要工作任务：

A、B轨教师共同教学设计；

A轨教师在企业内部根据《设计修改单》自行修改。

B轨教师重点指导学生理解《设计修改单》，辅导学生按时完成修改草案的任务。

B轨学生小组主要的学习工作任务：

明确学习目的，领会《教学内容与职业能力目标对照表》；在B轨教师的带领下，学习审核确认后的《设计修改单》，准确领会修改意见，并按时完成修改草案的任务。

4.2.3.1　本环节的教学设计

（1）项目运作的阶段性工作任务。

根据《设计修改单》的要求，B轨教师指导学生修订《创意设计草案》工作。此过程在项目负责人和专业设计师之间的内部修改、审核和修订工作，最后形成公司内部确认的《创意设计草案》。像这样的小工作循环，一般不再召开研讨会。

（2）基于项目运作的教学设计。

本环节教学设计以本阶段的项目运作任务为依托（即《指导教案》中教学任务详述部分此环节的内容）：

① 教学目的：引导学生审核确认的《设计修改单》，准确领会修改意见，并按时完成草案的修改。

② 教学内容与职业能力目标的对应，见表4-12。

表4-12　教学内容与职业能力目标对照表

教学内容	职业能力目标
√创意设计与各传播要素的结合方式 √网站设计风格定位 √网站主视觉创意构思 √网站配色方案 √网站首页版式布局	专业能力： √领会和掌握创意设计与品牌特征、传播目的、核心信息和受众心理等各传播要素的结合方式 √初步具备网站设计风格定位的创意构思和理解、把握能力 √能够根据传播要素、网站结构规划和风格定位进行主视觉创意构思，配色方案设计和首页版式布局规划，并以此为基准，贯穿运用于整个网站的设计中
√网站主视觉创意构思 √上述全部内容	方法能力： √能够独立进行创意性思维 √能够在工作中，综合与灵活运用专业知识和经验 √能够在工作过程中持续、自主地学习 √能够合理制订工作计划和对进度进行有效管理
√理解《设计修改单》的修改意见	社会能力： √能够及时和充分理解工作相关的口头和文字信息 √养成关注结果，竭尽全力达成工作目标的责任感和意志力

③ 在本环节教学前需要准备的文件：

无。

④ 需在本环节提交的文件及其规范：

项目助理负责更新《项目计划及进度记录表》；

相关责任人负责《设计质检表》；

A轨主设计师负责《网站创意设计草案（修改稿）》。具体内容及格式应符合相应的文件模板和教师的点评意见和要求；

B轨指导教师更新《B组阶段性工作记录》。

注：以上各点内容来自本环节的《指导教案》。

依照《指导教案》的内容，完成《学习指导书》本环节相应的设计。《学习指导书》的具体内容，详见附录：CBFS公益组织网站建设项目教学《学习指导书》的相应内容。

4.2.3.2　本环节的教学实施

（1）采用的教学方法。

启发和引导性训练。

实施细节详见本条目"（3）教学实施过程"的示例。

（2）教学实施步骤计划。

依照"创意设计草案初稿研讨会"中确定的B轨学生的工作任务及安排，逐步进行，并按时提交各项成果。

No.	发言人 Speaker	议题 Topic	事项及纪要 Description & Memo	责任人 Responsible
7	项目负责人	后续工作任务及安排	B轨学生的工作任务及安排： 1．B轨指导教师填写"设计修改单"，并交A轨主设计师复核后，下发给学生	唐老师、李设计师
			2．根据研讨提出的意见，修改创意设计草案	B轨各组学生

（3）教学实施过程。

① 在B轨教师指导下学生修改《创意设计草案》。B轨教师还负责修改方案的审核与质量监控工作。这种指导、审核与质检在B轨内部循环进行，直到学生完成草案的修改。

② B轨阶段性工作记录：B轨指导教师在此教学任务中，随时发现问题和解决问题，记录本阶段学生们普遍存在的问题和疑惑，以及本阶段为学生们补充讲解的知识或专业基础技能。

此阶段的工作记录表（B轨阶段性工作记录）详见"任务5：网站设计任务说明研讨会"中相应内容。

③ 项目教学的进度及规范化管理：B轨助教对B轨学生在项目运作过程中的进度及规范化执行情况，进行监督，并在本阶段B轨项目运作/教学任务结束时，及时更新《项目计划及进度记录表》，提交A轨项目助理（兼任整个项目运作的"流程员"）。

B轨更新的《项目计划及进度记录表》详见"任务5：网站设计任务说明研讨会"中相应内容。

4.2.3.3　本环节项目运作和教学结果

（1）项目运作成果。

A轨设计师修改完成的《创意设计草案》，见图4-24～图4-33，设计师质检表参见表4-13。

图4-24　A轨《创意设计草案》修改稿1　　　　　图4-25　A轨《创意设计草案》修改稿2

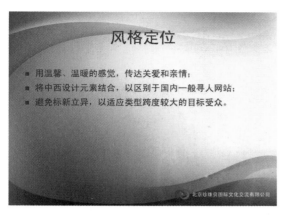

图4-26 A轨《创意设计草案》修改稿3

图4-27 A轨《创意设计草案》修改稿4

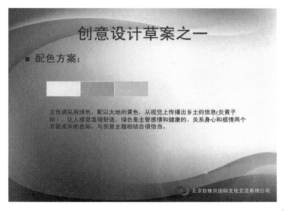

图4-28 A轨《创意设计草案》修改稿5

图4-29 A轨《创意设计草案》修改稿6

图4-30 A轨《创意设计草案》修改稿7

图4-31 A轨《创意设计草案》修改稿8

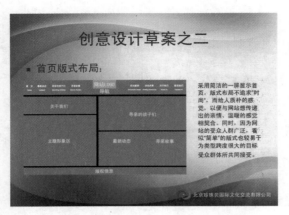

图4-32　A轨《创意设计草案》修改稿9

图4-33　A轨《创意设计草案》修改稿10

表4-13　A轨设计师质检表

文件编号：　CBFS-WD-0901-QC

设计质检表

客户名称：　China Birth Family Search　　　项目名称：　CBFS 公益组织网站建设

项目编号：　CBFS-WD-0901　　　　　完成日期：　2009 年 12 月 28 日

项目概述：

　　本项目为美国 CBFS 公益组织面向中国人的网站。旨在被领养中国孩子的信息可以在此发布，使更多中国人能够了解，并在可能的情况下帮助这些家庭为孩子寻找中国亲生父母。

工作任务	质检人	签字确认	日期	备注
创意设计草案内部修改定稿	策划/文案	董蓉	Dec 12, 09	
	主设计师	杨琳林	Dec. 12. 09	
	质检员	李翔	Dec. 12. 09	
网站首页内部修改定稿	主设计师			
	质检员			
网站栏目页内部修改定稿	主设计师			
	质检员			
网站栏目页及内容页方案定稿	主设计师			
	质检员			
网站页面制作	主设计师			
	质检员			

（2）重点教学成果。

B轨学生阶段性作品。王同学组展示一套《网站创意设计草案》（初稿）如下，参见图4-34～图4-39，设计师质检表参见表4-14、表4-15。

图4-34　B轨学生《创意设计草案》修改稿1

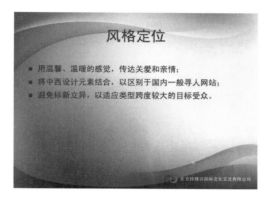

图4-35　B轨学生《创意设计草案》修改稿2

图4-36　B轨学生《创意设计草案》修改稿3

图4-37　B轨学生《创意设计草案》修改稿4

图4-38　B轨学生《创意设计草案》修改稿5

图4-39　B轨学生《创意设计草案》修改稿6

表4–14　B轨学生质检表–1　　　　　　　　　　**表4–15　B轨学生质检表–2**

文件编号：　CBFS-WD-0901-QC

设计质检表

客户名称：　China Birth Family Search　　项目名称：　CBFS 公益组织网站建设

项目编号：　CBFS-WD-0901　　完成日期：　2009 年 12 月 28 日

项目概述：

　　本项目为美国 CBFS 公益组织面向中国人的网站，旨在被领养中国孩子的信息可以在此发布，使更多中国人能够了解，并在可能的情况下帮助这些家庭为孩子寻找中国亲生父母。

工作任务	质检人	签字确认	日期	备注
创意设计草案内部修改定稿	策划/文案	黄蕊	Dec 12,09	
	主设计师	杨林	Dec 12.09	
	质检员	李玲	Dec.12.09	
网站首页内部修改定稿	主设计师			
	质检员			
网站栏目页内部修改定稿	主设计师			
	质检员			
网站栏目页及内容页方案定稿	主设计师			
	质检员			
网站页面制作	主设计师			
	质检员			

文件编号：　CBFS-WD-0901-QC

设计质检表

客户名称：　China Birth Family Search　　项目名称：　CBFS 公益组织网站建设

项目编号：　CBFS-WD-0901　　完成日期：　2009 年 12 月 28 日

项目概述：

　　本项目为美国 CBFS 公益组织面向中国人的网站，旨在被领养中国孩子的信息可以在此发布，使更多中国人能够了解，并在可能的情况下帮助这些家庭为孩子寻找中国亲生父母。

工作任务	质检人	签字确认	日期	备注
创意设计草案内部修改定稿	策划/文案	黄蕊	Dec.12.09	
	主设计师	杨雪	Dec.12.09	
	质检员	屈剑	Dec.12.09	
网站首页内部修改定稿	主设计师			
	质检员			
网站栏目页内部修改定稿	主设计师			
	质检员			
网站栏目页及内容页方案定稿	主设计师			
	质检员			
网站页面制作	主设计师			
	质检员			

杨同学小组《网站创意设计草案》（初稿）参见图4-39～图4-41。

图4-39　B轨学生《创意设计草案》修改稿1

图4-40　B轨学生《创意设计草案》修改稿2

图4-41　B轨学生《创意设计草案》修改稿3

（3）其他学习成果。

通过项目阶段性的工作实践，训练了如何领会经过研讨而确定的设计修改意见，并学会将其转化为视觉效果表现出来。

通过项目运作实践磨合，各组之间的团队配合与沟通更加顺畅。

网站设计任务说明

4.3.1　任务5：研讨分析网站设计任务

A、B轨指导教师的主要工作任务：

教学设计；组织相关会议；A轨项目负责人组织研讨分析工作任务要求，设计师示范工作中职业规范；B轨教师与学生一道了解客户需求等。重点指导学生学习《工作单》，明确下一步工作任务。

B轨学生小组主要的学习任务：

明确学习目的；在B轨教师的带领下，了解教学内容和职业能力目标的对应关系。了解客户需求及意见，学会搜集运用信息；学习《工作单》，明确下一步工作任务；掌握工作方法和要点。

4.3.1.1　本环节的教学设计

（1）项目运作的阶段性工作任务。

① 将客户确定的创意设计草案及相应的反馈意见，与项目团队的相关人员沟通。

② 下达网站设计工作任务——《工作单》。

③ 通过答疑，明确网站设计工作的相关要求。

（2）基于项目运作的教学设计。

本环节教学任务的设计以本阶段的项目运作任务为依托（即《指导教案》中教学任务详述部分此环节的内容）：

① 教学目的：通过项目负责人讲解客户最终确认的《网站创意设计草案（客户确认版）》，使学生了解客户的反馈意见，从而理解确定客户倾向的方案，包括设计风格、主视觉创意构思、色彩和首页布局等；

通过项目负责人讲解网页设计工作单，使学生明确下一步工作任务；

通过A轨设计师与项目负责人的研讨示范，使学生了解作为设计人员，应该掌握哪些信息；

通过引导学生提问、教师回答，以及师生互动，使学生了解后续工作的方法和要领。

② 教学内容与职业能力目标的对应，详见表4-16。

表4-16　教学内容与职业能力目标对照表

教学内容	职业能力目标
√客户确认的《网站创意设计草案》	专业能力： √能够领会和掌握创意设计与品牌特征、传播目的、核心信息和受众心理等各传播要素的结合方式
√《网页设计工作单》的相关工作要求 √网站设计所需的补充设计素材	方法能力： √能够对相关资讯和素材进行搜集、整理、分析与借鉴 √能够熟练掌握项目运作流程
√客户确认的《网站创意设计草案》 √《网页设计工作单》的相关工作要求 √师生互动交流	社会能力： √能够及时和充分理解工作相关的口头和文字信息 √能够利用语言和文字清晰并有说服力地表达工作相关的意见与建议

③ 在本环节教学前需要准备的文件：

◆ 项目助理负责会议议程

◆ 客户确认的《网站创意设计草案》

◆《网页设计工作单》

◆ 补充设计素材文件包

④ 需在本环节提交的文件：项目助理负责会议纪要。

注：以上各点内容来自本环节的《指导教案》。

依照《指导教案》的内容，完成《学习指导书》本环节相应的设计。《学习指导书》的具体内容，详见附录：CBFS公益组织网站建设项目教学《学习指导书》的相应内容。

4.3.1.2　本环节的教学实施

（1）采用的教学方法。

① 示范与讲解。

② 师生互动交流。

③ 方法能力培训。

实施细节详见本条目"（3）教学实施过程"的示例。

（2）教学实施步骤计划：

以本环节的《会议议程》中的安排为依据，逐步开展项目教学，详见表4-17。

表4-17 会议议程表

开始时间	议题	主讲人	参与人	目的
10：30 am	介绍本次会议的议程 需准备文件： √会议议程	黄老师	全体成员	了解本次会议的议程
10：35 am	讲解企业中"网站设计任务说明研讨会"的作用	黄老师		了解本次会议在企业中的作用
10：40 am	讲解客户最终确认的"创意设计草案" 与设计师沟通客户的反馈意见； 需准备文件： √《创意设计草案（客户确认）》 √客户确认的网站Logo方案	黄老师		全体人员了解客户反馈意见
11：00 am	下达和明确网站设计任务及相关要求 需准备文件： √《网页设计工作单》 √补充提供的"设计素材"文件包	全体与会人员	A轨专业教师	全体人员了解网站设计任务及其相关要求
11：25 am	师生互动交流 1．"双轨并行"阶段的学生工作和学习情况沟通及交流； 需准备文件： √B轨阶段性工作记录.xls； 2．汇报B组学生项目进度执行情况、规范化运作情况。 需准备文件： √更新的《CBFS-WD-0901-项目计划及进度记录表.xls》； 3．自由交流	唐老师 梁助教 全体成员	全体与会人员	1．A轨专业教师了解B轨学生在"双轨并行"阶段的问题； 2．为B轨学生答疑解惑； 3．了解B轨学生的项目进度及规范化执行情况
11：45 am	1．研讨确定A组项目运作下一步工作任务及进度安排： 需准备文件： √项目计划及进度记录表。 2．研讨确定B组学生完成下一步工作任务的各项子任务及进度安排： 需准备文件： √项目计划及进度记录表	黄老师 黄老师、唐老师	A轨专业教师 B轨学生	1．确定相关设计部下一步工作任务及进度计划。 2．确定相关设计部B组学生下一步的工作任务、子任务划分及进度计划
12：00 am	会议结束			

（3）教学实施过程。

① 会议概述详见表4-18。

表4-18 会议纪要表

No.	发言人Speaker	议题Topic	事项及纪要Description & Memo	责任人Responsible
1	项目负责人	会议议程简介	详见本会议议程 "网站设计任务说明研讨会"	全体与会人员

续表

No.	发言人Speaker	议题Topic	事项及纪要Description & Memo	责任人Responsible
2	项目负责人	讲解企业中"网站设计任务说明研讨会"的作用	"网站设计任务说明研讨会"的作用： 1．将客户确定的创意设计草案及相应的反馈意见，与项目团队的相关人员沟通； 2．下达网站设计工作任务； 3．通过答疑，明确网站设计工作的相关要求	B轨学生

② 讲解客户最终确认的"创意设计草案"：

1．展示客户确认的"创意设计草案"：包括：总体风格定位、创意草案（确认方案）。详见"创意设计草案（客户确认）.ppt"
2．讲解客户反馈意见及选定的方案：a 经过创意总监的审核，除向客户提供了A轨设计师的方案外，同时还需要提交了"寻人启事"创意、"中式台历"创意两个学生们的方案。客户对这四个方案的创意均充分肯定，感觉"设计师们"分别从不同的角度，抓住了该组织和其他领养家庭想通过此网站传递给受众的感觉；b 在设计师的2套方案和学生的2个创意中，客户比较后选择了王亚琳的方案，感觉这个方案从创意、配色等各方面，综合感觉最符合他们想要的。

③ 下达和明确网站设计任务及相关要求：

A．项目负责人下达网站设计任务
讲解的"网站设计工作单"的内容包括：项目名称、建网目的、制作内容、主导航、所包含的栏目、网站LOGO、页面主图、页面尺寸、首页板块、需要的功能模块、网站制作资料等信息。
详见"网站设计工作单"。
B．对A轨设计师网站设计任务的深入沟通
1．关于首页设计方案：
王设计师：两个网站首页方案的差异度可以有多大？
项目负责人：版式可以变化；配色方案也可做适当调整，但不能脱离这种红色为主的暖色调。
2．关于栏目页和内容页设计的数量：
王设计师：这个网站需要设计几个不同的栏目页？
项目负责人： a "最新动态"是新闻列表的形式，与其他栏目不同，需单独设计一个栏目页； b "寻亲的孩子们"是本网站最具特色的一个栏目，应做独特的设计； c "寻亲故事"和"成功案例"两个栏目的设计可以使用一个设计方案； d "关于我们"和"联系我们"可以使用一个设计方案。 考虑到有些栏目页的设计变化不大，最终确定：寻亲的孩子们、寻亲故事各设计2套栏目页方案，最新动态、关于我们设计1套栏目页方案，另在切片前，设计1个内容页（底层页）方案。

C. 项目负责人与B轨学生针对网站设计任务的沟通
◆ 项目负责人与杨同学、何同学小组：
1. 考虑到客户对"中式台历"这一创意的肯定，你们组可以在这个创意草案基础上，继续深化，设计网站首页方案。
2. 创意草案的阐述文字还需要根据点评的意见做修改。
3. 网站首页设计可以参照你们选择的参考网站，但配色方案要调整为暖色调，且避免年轻化的设计元素，以适应绝大多数目标受众，愿意和有可能帮助国际领养家庭的孩子们寻找亲生父母的成年人。
◆ 项目负责人与马同学、王同学、孙同学小组：
1. 考虑到客户对"寻人启示"这一创意的肯定，你们组可以在这个创意草案基础上，继续深化，设计网站首页方案。
2. 网站首页设计可以你们选择的参考网站，但配色方案一定要调整，要符合十几岁的孩子寻找亲人的这一年龄层定位。

④ 师生互动交流：由B轨指导教师向A轨专业教师介绍B轨学生们在完成《创意设计草案》初稿设计与拟订的过程中，遇到的困难和表现出的普遍问题，并通过师生间的互动交流，使B轨学生了解在上一教学任务中，自身或者其他同学做得不足或需要改进的地方，并从专业教师的讲解中，获取所需答案：

阶段性工作记录			
文件编号		CBFS-WD-0901-WR-02	
项目名称	CBFS公益组织网站建设	教学阶段	4. 网站创意设计草案内部修改定稿
开始日期	12/Dec	完成日期	12/Dec
教学班级	CBFS组	指导学生	杨同学、何同学、王同学、马同学、孙同学
指导教师	唐老师	更新日期	12/Dec
本阶段学生普遍存在的问题			
1. 色彩搭配不准确 2. 创意主视觉概念与项目主题不贴切			
本阶段学生普遍提出的问题			
1. 素材如何加以利用和提取 2. 配色方案如何与创意方案相结合			
本阶段补充教学的内容			
1. 优秀网站赏析——针对版式设计、色彩搭配及细节运用 2. 同行业的网站对比分析			

由A轨项目助理汇报A轨项目进度及规范化执行情况，B轨助教汇报B轨学生项目进度执行情况、规范化运作情况，详见表4-19。

表4-19　更新后的《项目计划及进度记录表》

项目名称	责任人	编号	工作任务	开始日期	开始时间	结束日期	结束时间	执行者	部门	当前状况	附件	传达
CBFS公益组织网站建设	黄睿	3	网站创意设计草案初稿研讨会	11-Dec-09	13:30	11-Dec-09	15:30	项目组全体成员	客户部、互动媒体设计部、B组	已完成	会议纪要及附件	全体与会人员
	王亚琳	3.A	设计修改单	11-Dec-09	15:30	11-Dec-09	17:30	王亚琳	A组成员	已按时提交	CBFS-WD-0901 - 设计修改单 - 01 - 王亚琳.doc	李梅、王亚琳、王蕾
	杨雪	3.B	设计修改单	11-Dec-09	15:30	11-Dec-09	17:30	唐芸莉	B1组	已按时提交	CBFS-WD-0901 - 设计修改单 - 01 - 杨雪小组.doc	杨雪、王蕾
	王丹	3.B	设计修改单	11-Dec-09	15:30	11-Dec-09	17:30	唐芸莉	B2组	已按时提交	CBFS-WD-0901 - 设计修改单 - 01 - 王丹小组.doc	王丹、王蕾
CBFS公益组织网站建设	王亚琳	4.A	网站创意设计草案内部修改定稿	12-Dec-09	8:30	12-Dec-09	17:30	王亚琳	互动媒体设计部	已按时提交	CBFS-WD-0901 - 创意设计草案（修改稿）.ppt	黄睿、李梅、王蕾
	杨雪	4.B	网站创意设计草案内部修改定稿	12-Dec-09	8:30	12-Dec-09	17:30	杨雪、何昕	B1组	已按时提交	CBFS-WD-0901 - 创意设计草案（修改稿）- 杨雪小组.ppt	黄睿、唐芸莉、王蕾
	王丹	4.B	网站创意设计草案内部修改定稿	12-Dec-09	8:30	12-Dec-09	17:30	王丹、马鑫秋、孙鹏	B2组	已按时提交	CBFS-WD-0901 - 创意设计草案（修改稿）- 王丹组.ppt	黄睿、唐芸莉、王蕾

自由交流

唐老师引导学生提问与交流：
◆ 今天布置了工作任务，你们清楚下一步应该如何开展工作吗？
学生们：有些还不够清楚。
项目负责人、李设计师、王设计师共同讲解：
a 仔细阅读今天新收到的网站设计工作单，以及配套下发的创意草案；再根据工作单的说明，收集整理已有的网站素材及设计文件，包括白增海老师设计的Logo等；
b 在研究完所有的工作任务要求和资料后，各小组研讨确定需要继续在网上搜索的素材资料，包括各种适合的导航栏设计样式参考等；
c 根据需要，对设计中需要使用的素材资料进行调整，如色彩、形状等；
d 按照工作单中文件尺寸的要求，新建设计文件，开始网站首页设计工作；
◆ 下一步工作需要提交什么文件？要达到什么程度？
a 网站首页设计方案的效果图。你们提交方案时，将PSD格式文件存成JPG格式即可。
b 除网站首页中的正文内容可以是示意性的以外，方案中所有的设计均应达到几乎100%定稿的状态，甚至包括导航栏位置鼠标滑过效果的处理方法等，而不能再有创意草案中那种"参考"性的设计展示。
c 设计方案可留待后续修改的仅包括细节的处理和细微的色彩、版式位置调整等。

⑤ 后续工作任务及安排：

No.	发言人 Speaker	议题 Topic	事项及纪要 Description & Memo	责任人 Responsible	时间结点 Deadline
6	项目负责人	后续工作任务及安排	A组专业教师的工作任务及安排：		
			根据会议中明确的工作任务及相关要求，设计两稿网站首页方案	王设计师	12/15，下班前
			B组学生的工作任务及安排：		
			根据会议中明确的工作任务及相关要求，每人设计一稿网站首页方案	B轨学生	12/15，下班前

4.3.1.3　本环节项目运作和教学结果

（1）项目运作成果。

① A轨专业设计师、B组学生均清楚了解了客户确认的《创意设计草案》及其理由；

② B轨学生清楚了解了各小组后续设计所依据的被选定的《创意设计草案》方案及其被选理由；

③ A轨专业设计师、B组学生均明确了下一步骤的工作任务和进度要求，并获取了所需的补充设计素材。

（2）重点教学成果。

① 通过听取项目负责人讲解客户最终确认的《网站创意设计草案（客户确认版）》，了解客户的反馈意见，从而理解确定的设计风格、主视觉创意构思、配色方案和首页布局方案，以及客户选择的原因；

② 通过听取A轨设计师与项目负责人的研讨，了解了此环节接受工作任务时，作为设计人员，应该掌握的信息；

③ 通过向教师提问的方式，了解后续工作的方法和关键点。

4.4　网站首页设计

4.4.1　任务6：设计网站首页初稿

A、B轨指导教师的主要工作任务：

A、B轨指导教师共同教学设计；A轨设计师以客户确认的《创意设计草案》为依据，设计网站主页；

B轨教师重点指导学生学做网站首页设计。

B轨学生小组主要的学习任务：

明确学习工作目的，在A轨老师的示范和B轨教师的指导下，能够搜集和获取设计素材准确地将视觉创意应用于网站首页设计，能够恰当选择与运用视觉创意设计元素，完成符合客户需要的网站首页设计初稿。

4.4.1.1 本环节的教学设计

（1）项目运作的阶段性工作任务。

以客户确认的《创意设计草案》为依据，包括网站总体风格定位、首页主视觉创意、配色方案和版式布局方案，完成符合客户需要的网站首页初稿设计。

（2）基于项目运作的教学设计。

本环节教学任务的设计以本阶段的项目运作任务为依托（即《指导教案》中教学任务详述部分此环节的内容）：

① 教学目的：通过项目实践，学生能够准确地将视觉创意应用于网站首页设计；能够恰当选择与运用视觉创意设计元素；能够搜集和获取设计素材。

② 教学内容与职业能力目标的对应，详见表4-20。

表4-20   教学内容与职业能力目标对照表

教学内容	职业能力目标
√网站主视觉创意的设计实现 √网站首页版式布局设计 √符合配色方案规定的色彩运用 √首页版块样式设计 √导航设计 √字体、图标等网页元素设计 √恰当应用html、JavaScript等脚本语言实现网站特效 √恰当设计与后台功能相关的前台页面效果	专业能力： √能够根据传播要素、网站结构规划和风格定位进行主视觉创意构思，配色方案设计和首页版式布局规划，并以此为基准，贯穿运用于整个网站的设计中 √能够熟练运用界面设计制作软件（Photoshop）实现创意设计方案 √能够进行清晰和便捷的导航设计 √能够进行符合网站设计规范的字体设计与运用 √具备应用html、JavaScript等脚本语言实现网站特效的可行性分析能力 √能够判断需要由后台程序技术支持的前台页面设计表现形式
√设计素材的搜集、分析、使用与管理 √网站主视觉创意的设计实现 √上述全部设计内容	方法能力： √能够对相关资讯和素材进行搜集、整理、分析与借鉴 √能够独立进行创意性思维 √能够在工作中，综合与灵活运用专业知识和经验 √能够在工作过程中持续、自主地学习 √能够合理制订工作计划和对进度进行有效管理
√本环节的全部教学内容	社会能力： √能够有效地进行团队合作（沟通、包容、互补、激励）； √能够根据需要，合理地组织与协调团队工作； √能够应对工作过程中各种复杂和突发状况； √养成关注结果，竭尽全力达成工作目标的责任感和意志力

③ 在本环节教学前需要准备的文件：《平面和网页设计素材管理培训》

④ 需在本环节提交的文件及其规范：项目助理负责更新《项目计划及进度记录表》；设计师负责网站首页设计（初稿），提交JPG格式的效果图；B组指导教师负责更新《B轨阶段性工作记录》。

注：以上各点内容来自本环节的《指导教案》。

依照《指导教案》的内容，完成《学习指导书》本环节相应的设计。《学习指导书》的具体内容，详见附录：CBFS公益组织网站建设项目教学《学习指导书》的相应内容。

4.4.1.2　本环节的教学实施

（1）采用的教学方法。

① 引导性练习；

② 方法能力练习。实施细节详见本条目"3. 教学实施过程"的示例。

③ 教学实施步骤计划：依照"网站设计任务说明研讨会"中研讨确定的B轨学生的工作任务及安排，逐步进行，并按时提交各项成果。

No.	发言人 Speaker	议题 Topic	事项及纪要 Description & Memo	责任人 Responsible
6	项目负责人	后续工作任务及安排	B轨学生的工作任务及安排： 根据会议中明确的工作任务及相关要求，每人设计一稿网站首页方案。	B轨学生

（2）教学实施过程。

① B轨学生再次浏览《创意设计草案》中确认需要继续深化的部分，结合《网页设计工作单》和已经获取的设计素材，分别思考创意的首页视觉表现，并制订出各自的素材搜集计划。B轨指导教师在此过程中，给予必要的引导和提示。

② B轨指导教师组织B轨学生进行素材搜集与分析练习：指导学生们在网站首页设计之前，先在A轨专业教师提供的相关网站上，以及学生们自己寻找的网站资料上，搜索素材资料，包括各种适合的导航栏设计样式参考等。

图4-42　B轨学生"素材包"——网站首页设计阶段

　　结合该学生所依循的《创意设计草案》的确定方案，B轨学生自己比较分析下载的素材，并选择适用的设计素材。在此过程中，B轨指导教师进行有针对性的个别指导。

　　③ B轨学生开始进行网站首页设计，并根据需要，继续搜集适用的素材。B轨指导教师在过程中进行点评和指导。

　　④ B组阶段性工作记录：B组指导教师在此教学任务中，随时发现问题和解决问题，并记录本阶段学生们普遍存在的问题和疑惑，以及本阶段为学生们补充讲解的知识或专业基础技能。

　　此阶段的工作记录表（B轨阶段性工作记录）详见"任务7：网站首页初稿研讨会"中相应内容。

　　⑤ 项目教学的进度及规范化管理：B轨助教对B组学生在项目运作过程中的进度及规范化执行情况，进行监督，并在本阶段B轨项目运作/教学任务结束时，及时更新《项目计划及进度记录表》，提交A轨项目助理（兼任整个项目运作的"流程员"）。

　　B轨更新的《项目计划及进度记录表》详见"任务7：网站首页初稿研讨会"中相应内容。

4.4.1.3　本环节项目运作和教学结果

（1）项目运作成果。

① A轨设计师完成的"首页方案一（初稿）.jpg"、"首页方案二（初稿）.jpg"。

设计师作品展示详见"任务7：网站首页初稿研讨会"中相应内容。

② A轨设计师在此阶段，搜集与整理了参考素材文件包。

图4-43　A组设计师"素材包"——网站首页设计阶段

（2）重点教学成果。

① B组学生阶段性设计方案：

网站首页初稿—杨雪.jpg

网站首页初稿—何昕.jpg

网站首页初稿—王丹.jpg

网站首页初稿—孙鹏.jpg

网站首页初稿—马鑫秋.jpg

部分学生作品展示参见"任务7：网站首页初稿研讨会"中相应内容。

② 其他学习成果：在B轨指导老师的辅导下，学习了如何分析网络上搜索的素材；学习了如何准确地将视觉创意转化为具体的网站首页设计方案。

4.4.2 任务7：研讨网站首页设计初稿

A、B轨指导教师的主要工作任务：

教学设计；组织相关会议；A轨主设计师阐述网站首页设计方案，示范设计方案修订的研讨；

B轨教师指导学生学做阐述网站首页设计方案，辅导学生学习领会对创意的准确表达与传播信息之间的关系。A、B轨教师共同点评。

B轨学生小组主要的学习任务：

明确学习目的；在A、B轨教师的示范和指导下，体验研讨会，了解教学内容和职业能力目标的对应关系。学会阐述网站首页设计方案，领会对创意的准确表达与传播信息之间的关系。理解设计师对网站首页设计方案的修改意见。

4.4.2.1 本环节的教学设计

（1）项目运作的阶段性工作任务。

① 听取设计师对网站首页设计初稿的阐述；

② 全体项目团队成员共同研讨，形成统一意见，下达修改任务。

（2）基于项目运作的教学设计。

本环节教学任务的设计以本阶段的项目运作任务为依托的（即《指导教案》中教学任务详述此环节的内容）。

① 教学目的：通过A轨主设计师阐述网站首页设计方案，使学生学会视觉创意的设计实现方法与技巧，以及设计方案阐述的技巧；通过A轨教师示范网站首页设计方案修改意见的研讨，引导学生领会对创意的准确表达与传播信息之间的关系；通过A轨专业教师和B轨指导教师的点评，引导学生了解自身网站首页设计方案的优点和不足，使学生理解网站首页设计方案的修改意见。

② 教学内容与职业能力目标的对应，详见表4-21。

表4-21　教学内容与职业能力目标对照表

教学内容	职业能力目标
✓网站主视觉创意的设计实现 ✓网站首页版式布局设计 ✓符合配色方案规定的色彩运用 ✓首页版块样式设计 ✓导航设计 ✓字体、图标等网页元素设计 ✓恰当应用html、JavaScript等脚本语言实现网站特效 ✓恰当设计与后台功能相关的前台页面效果	专业能力： ✓能够根据传播要素、网站结构规划和风格定位进行主视觉创意构思，配色方案设计和首页版式布局规划，并以此为基准，贯穿运用于整个网站的设计中 ✓能够进行清晰和便捷的导航设计 ✓能够进行符合网站设计规范的字体设计与运用 ✓具备应用html、JavaScript等脚本语言实现网站特效的可行性分析能力 ✓能够判断需要由后台程序技术支持的前台页面设计表现形式
✓网站首页设计方案的讲解	方法能力： ✓能够清晰、技巧地撰写与阐述设计方案
✓网站首页设计方案的讲解 ✓师生互动交流	社会能力： ✓能够利用语言和文字清晰并有说服力地表达工作相关的意见与建议

③ 在本环节教学前需要准备的文件：项目助理负责准备《会议议程》。

④ 需在本环节提交的文件及其规范：项目助理负责会议纪要；设计师负责《设计修改单》。

注：以上各点内容来自本环节的《指导教案》。

依照《指导教案》的内容，完成《学习指导书》本环节相应的设计。《学习指导书》的具体内容，详见附录：CBFS公益组织网站建设项目教学《学习指导书》的相应内容。

4.4.2.2　本环节的教学实施

（1）采用的教学方法。

① 示范与讲解；

② 点评与分析；

③ 师生互动交流。

（2）教学实施步骤计划：

以本环节的《会议议程》安排为依据，逐步开展项目教学。详见表4-22。

表4-22　会议议程表

开始时间	议题	主讲人	参与人	目的
15：20	会议议程简介 需准备文件： √会议议程；	项目负责人	全体成员	了解本次会议的相应议程
15：25	讲解企业中"网站首页初稿研讨会"的作用		全体成员	了解企业中召开本会议的作用
15：30	阐述网站首页设计方案 需准备文件： √网站首页设计初稿	王设计师	全体成员	1．全体成员了解专业设计师的方案思路； 2．B轨学生了解A轨从专业角度如何做方案阐述
16：00	研讨确定修改意见	A轨教师	A轨教师	A轨从各角度出发，研讨方案的内部修改意见或确认定稿。
16：20	B轨方案阐述及教师点评： 1．B轨学生代表分组进行方案阐述； 需准备文件： √网站首页设计初稿 2．A轨专业教师针对每组方案进行点评，并确定修改意见	B轨各小组代表 A轨教师	全体成员	1．审视B轨学生方案的设计成果。 2．B轨学生了解方案的设计优缺点和修改思路
17：00	师生互动交流 1．"双轨并行"阶段的学生工作和学习情况沟通及交流； 需准备文件： √B组阶段性工作记录 2．汇报A、B轨项目进度执行情况、规范化运作情况。 需准备文件： √更新的《项目计划及进度记录表》； 3．自由交流	唐老师 王流程员 全体成员	全体成员	1．A轨专业教师了解B组学生在"双轨并行"阶段的问题； 2．为B轨学生答疑解惑； 3．了解A、B轨的项目进度及规范化执行情况
17：20	1．研讨确定A轨项目运作下一步工作任务及进度安排： 需准备文件： √项目计划及进度记录表。 2．研讨确定B轨学生完成下一步工作任务的各项子任务及进度安排： 需准备文件： √项目计划及进度记录表	项目负责人 项目负责人 唐老师	A轨教师 B轨学生	1．确定相关设计部下一步工作任务及进度计划。 2．确定相关设计部B轨学生下一步的工作任务、子任务划分及进度计划
17：30	会议结束			

（3）教学实施过程：

① 会议概述：见表4-23。

表4-23　会议纪要表

No.	发言人 Speaker	议题 Topic	事项及纪要 Description & Memo	责任人 Responsible
1	项目负责人	会议议程简介	详见本会议议程 "网站首页初稿研讨会"	全体成员
2	项目负责人	讲解企业中"网站首页初稿研讨会"的作用	"网站首页初稿研讨会"的作用： 1. 听取设计师对网站首页设计初稿的阐述； 2. 全体项目团队成员共同研讨，形成统一意见，并以此为基础，下达修改任务	B轨学生
3	项目负责人	对本阶段研讨会知识侧重点的特别说明	在项目运作的不同阶段，公司召开研讨会的讨论侧重点也不同。在第一个阶段——创意草案阶段，侧重点是"传播功能"的实现，也就是，如何形成符合客户品牌特征、项目传播信息和目的、目标受众特点和接受习惯这三个要素的视觉创意草案。而创意设计草案确定后，本阶段方案研讨的侧重点，将转到"设计表现"，也就是说，如何通过有目的性的设计，来实现客户确认的"创意设计草案"的视觉效果	B轨学生

② A轨设计师阐述网站首页方案，并研讨确定统一的修改意见。参见图4-44和图4-45，以及方案一、方案二。

图4-44　A轨设计师的网站首页初稿方案一

方案一
◆ 强化传播效果的设计： a 把"寻亲的孩子们"这一版面安排在主导航下面，以孩子们可爱的照片为视觉关注点，加强网站的"第一眼"吸引力； b 在主视觉图上方加一行"标题语"，把本网站的核心信息更直接地呈现给受众； c 考虑到网站的栏目较少，可以在首页将所有的栏目都以版块形式呈现出来，这样，受众既可以从导航栏进入栏目页，也可以从首页版块点击进入，使导航更便捷，用户体验更好； ◆ 其他设计构思： 将主视觉图的背景用多颗"心"前后有层次的设计出来，一方面展现出需要大家共同的爱心付出，才可以达成目标的意思；另一方面，这种设计也使背景底图更加丰富和有设计感。

图4-45　A组设计师网站首页初稿方案二

方案二
◆ 强化品牌的设计： a 把Logo的位置放在主视觉图的上方，使受众可以在第一眼看这个网站时，就能够从聚焦的主视觉区域，一目了然地看到标志，强化了品牌识别效应； b 把领养家庭的照片放在"心"的边框中，更加突显了主视觉形象，从而加强了核心信息的传播力度； c 色彩仍以红色为主的温暖调，但增加了一些偏绿的色调，以便与Logo的颜色相呼应。 ◆ 强化传播效果的设计： 导航栏集中放在右侧，使导航内容更加集中和突出，也便于用户浏览使用。

A轨专业教师之间研讨确定修改意见：

总体意见
◆ 创意总监：两个方案中，首选方案二，因其主视觉更加突显，主题更鲜明，传播信息的传达非常有效。
方案一
项目负责人："关于我们"版块在领养家庭照片的上面，挨得过于紧密，不仔细看会让人以为那是关于这一家人的介绍，会造成误解。因此，最好把"关于我们"做成"关于CBFS"，并且位置上移一些。
方案二
◆ 创意总监： a 色彩问题：整体色调过于偏黄了，看起来有些冷。建议再调整得色彩偏暖一些； b 用户体验：右侧导航不是很显眼，建议把每个栏目名称前面都加上一颗小"白心"，而鼠标划过时，变成"红心"，应会更加抢眼； c 设计效果：主视觉图的背景"大心"上下两种背景色中间用直线划分开来，感觉有些突兀，建议做成渐变色的效果。 ◆ 设计师： 设计效果：主视觉图"大心"里面分布的"小红心"目前都加了白边，感觉这些心的图案有些死板，不够自然，建议把白边去掉。

③ B轨学生方案阐述及教师点评：每个B轨学生分别对自己设计的一套网站首页初稿进行阐述。学生完成方案阐述后，A组专业教师对B组学生的首页初稿做出有针对性的点评与指导。

参见图4-46、图4-47，以两位学生的网站首页设计初稿为例，说明此教学实施过程。

图4-46　B轨学生网站首页初稿方案一

方案一说明
a 把背景换成橘黄色显得更暖一些，左上角点了一些白光，寓意着温暖阳光永远照耀着这些可爱的孩子；
b 首页版面做成一屏就能显示完整的版式；
c 用台历的形式做主视觉图，以表现家庭的温暖；
d 用叶子做底部点缀，寻找"落叶归根"的感觉，起装饰作用。

教师点评意见
◆ 项目负责人：
a 设计元素："落叶"这个设计元素要慎用，做不好就会给受众以秋天的感觉，"落叶归根"一般是形容老年人，晚年想回国找寻亲人，不适合孩子，因此，传递的信息也不准确；
b 设计常识：在受众阅读新闻的时候，通常首先关注的是新闻标题，因此，在设计时，通常会把标题放在日期前面，才符合受众的阅读习惯。这虽然是小问题，但却是"网站用户体验设计"中要注意的问题。
◆ 李设计师：
a 设计常识：请检查一下设计稿文件设置的尺寸，目前从视觉感觉判断，你的网页高度超过一屏了，而你的设计方案以一屏完全显示全为最佳效果，因此需要再检查修改一下；
b 设计效果：首页版块中图文混排的图片大小要统一；
c 导航条设计：主导航和栏目标题的文字，如果做成可编辑的文字，那么，字体只能选择宋体或黑体，但如果做成图片，就可以做任何形式的字体设计。
◆ 王设计师：
a 设计效果："最新动态"版块的照片可以考虑做成"焦点图"的形式，以加强网站首页的灵动性，吸引受众的目光；
b 导航条设计：主导航下边缘对齐Logo，跟之前点评的意见一样。另外，目前方案中，导航栏目名称的中英文间距太宽，请做适当调整。还建议你在主导航位置增加一些有设计感的背景效果。

图4-47　B轨学生网站首页初稿方案二

方案二说明
a 不知道怎么做成报纸的效果，所以目前就在中间放了报纸，报纸下面一层的照片加了个相框。经过老师指导后，还想把整个网站首页直接做成报纸的形式，照片作为网站的主视觉图，但目前还没有表现出来。
b 首页的标志（Logo）在修改方案中，不打算放在边角的位置上，而是做成报纸标题的形式。

教师点评意见
◆ 项目负责人：
a <u>主视觉创意</u>：鼓励继续以"报纸"为创意，去实现设计；
b <u>版块布局</u>：如果想把"寻亲的孩子们"这个栏目中真实的图片用于主视觉图中，那么，这个主视觉图同样也是首页的一个版块，而不仅仅是一个设计装饰。这个关系需要理解清楚。如果考虑这个主视觉图做成固定的经过设计的图片，那么，首页中最好再把"寻亲的孩子们"这个版块规划和设计出来。这两种处理办法，可以在修改首页设计方案时考虑选择其一。
◆ 王设计师：
a <u>主视觉创意</u>：报纸做底图是白底的，为了增加视觉效果，可以考虑用其他叠放的报纸做边上的装饰，以衬托和加强主视觉效果；
b <u>设计效果</u>：目前方案下半部分是纯文本形式，不像网站设计，倒有点儿像Word文件。修改方案时，要考虑对这些版块做一些图文混排或其他艺术化的设计效果处理。

④ 师生互动交流：B轨指导教师沟通"双轨并行"阶段的工作记录，全体互动交流。

阶段性工作记录			
文件编号：		CBFS-WD-0901-WR-03	
项目名称	CBFS公益组织网站建设	教学阶段	6. 网站首页初稿设计
开始日期	14/Dec	完成日期	15/Dec
教学班级	CBFS组	指导学生	杨同学、何同学、王同学、马同学、孙同学
指导教师	唐老师	更新日期	15/Dec
本阶段学生普遍存在的问题：			
1. 素材的收集及利用；2. 缺乏色彩搭配知识；3. 没有版式设计意识；4. 创意草案与实际设计制作相脱节。			
本阶段学生普遍提出的问题：			
1. 软件操作问题；2. 如何实现自己的创意；3. 导航的设计样式。			
本阶段补充教学的内容			
优秀网站赏析分析——针对网站导航的设计案例分析。			

　　由A轨项目助理汇报A轨项目进度及规范化执行情况，B轨助教汇报B轨学生项目进度执行情况、规范化运作情况，参见表4-24。

表4-24　更新后的《项目计划及进度记录表》

项目名称	责任人	编号	工作任务	开始日期	开始时间	结束日期	结束时间	执行者	部门	当前状况	附件	传达
CBFS公益组织网站建设	黄睿	5	网站设计任务说明研讨会	14-Dec-09	10:45	14-Dec-09	12:00	项目组全体成员	客户部、互动媒体设计部、B组	已完成	会议纪要及附件	全体与会人员
CBFS公益组织网站建设	王亚琳	6.A	网站首页初稿设计	14-Dec-09	13:30	15-Dec-09	17:30	王亚琳	互动媒体设计部	已按时提交	网站首页设计初稿（JPG效果图）	黄睿、李梅、王蕾
	杨雪	6.B	网站首页初稿设计	14-Dec-09	13:30	15-Dec-09	17:30	杨雪	B组	已按时提交	网站首页设计初稿（JPG效果图）	黄睿、唐芸莉、王蕾
	何昕	6.B	网站首页初稿设计	14-Dec-09	13:30	15-Dec-09	17:30	何昕	B组	已按时提交	网站首页设计初稿（JPG效果图）	黄睿、唐芸莉、王蕾
	王丹	6.B	网站首页初稿设计	14-Dec-09	13:30	15-Dec-09	17:30	王丹	B组	未提交初稿	网站首页设计初稿（JPG效果图）	黄睿、唐芸莉、王蕾
	孙鹏	6.B	网站首页初稿设计	14-Dec-09	13:30	15-Dec-09	17:30	孙鹏	B组	已按时提交	网站首页设计初稿（JPG效果图）	黄睿、唐芸莉、王蕾
	马鑫秋	6.B	网站首页初稿设计	14-Dec-09	13:30	15-Dec-09	17:30	马鑫秋	B组	已按时提交	网站首页设计初稿（JPG效果图）	黄睿、唐芸莉、王蕾

自由交流方案阐述中表现出的问题：

◆ 唐老师：

a 字体、字号、行间距等基本的设计问题出错较多，意识不够强，常混淆了平面设计和网页设计；

b 网页设计时，还不习惯于考虑设计稿在显示器屏幕一屏的限制范围内，应该如何设计的问题。经常仅从整版的设计效果去看，而不会思考"第一屏"、"第二屏"显示的效果；

c 色彩运用还较随意，不注意整体的配色统一性。

◆ 项目负责人：

从今天方案阐述中，可以看出来，你们在讲解设计方案时，还不会讲解"我为什么要这样设计"，而只会从"我做了什么设计"这个角度做陈述。但这样的方案讲解是无法具备说服力的，因为，你们的每一个设计都应该是有理由，而不是随性的，因为你们现在做的是传播设计。每个设计元素的运用都要为更好地传播而服务。

⑤ 后续工作任务及安排：

No	发言人 Speaker	议题 Topic	事项及纪要 Description & Memo	责任人 Responsible	时间结点 Deadline
8	黄睿	后续工作任务及安排	A轨专业教师的工作任务及安排：		
			根据会议研讨确定的意见，完成首页的修改	王亚琳	12/17，下班前
			根据确定的网站首页方案，完成网站栏目页的设计	王亚琳	12/21，下班前
			B轨学生的工作任务及安排：		
			根据会议研讨确定的意见，完成首页的修改	B轨学生	12/21，下班前
			根据确定的网站首页方案，完成网站栏目页的设计	B轨学生	12/17，下班前

4.4.2.3　本环节项目运作和教学结果

（1）项目运作成果。

研讨确定了A轨设计师网站首页的修改意见。设计师填写《设计修改单》并提交项目负责人或创意总监审核确认，作为后续网站首页方案修改的依据。

（2）重点教学成果。

① 研讨确定了B轨各小组同学网站首页方案的修改意见，并由B轨指导教师填写各学生小组的《设计修改单》，经A轨主设计师复核确认，作为B轨学生后续方案修改的依据。

② B轨学生们学习了视觉创意的设计实现方法与技巧，以及设计方案阐述的要点和技巧；

③ B轨学生们进一步领会了设计对创意的表达和设计与传播信息准确性及有效性之间的关系；

④ B轨学生们了解了自身网站首页设计的优点和不足之处，以及明确的首页修改意见。

4.4.3　任务8：修改、确定网站首页设计稿

A、B轨指导教师的主要工作任务：

教学设计：B轨教师重点指导学生分析《设计修改单》，准确领会修改意见，按时完成修改网站首页设计稿的任务。

A轨设计师同时也在根据《设计修改单》做修改设计方案。

B轨学生小组主要的学习工作任务：

明确学习目的；在B轨教师的带领下，在审核确认的《设计修改单》基础上，准确领会修改意见，按时完成修改网站首页设计稿的任务。

4.4.3.1　本环节的教学设计

（1）项目运作的阶段性工作任务。

根据《设计修改单》的要求，完成网站首页的内部修订工作。此过程是项目负责人和设计师之间的内部修改、审核和修订的工作，最后形成公司内部确认的网站首页设计方案。像这样小工作循环，通常不再召开内部研讨会。

（2）基于项目运作的教学设计。

本环节教学任务的设计以本阶段的项目运作任务为依托（即《指导教案》中教学任务详述部分此环节的内容）：

① 教学目的：

通过项目运作实践，使学生在审核确认的《设计修改单》基础上，准确领会修改意见，按时完成修改网站首页设计稿的任务。

② 教学内容与职业能力目标的对应，参见表4-25。

表4-25　教学内容与职业能力目标对照表

教学内容	职业能力目标
√网站主视觉创意的设计实现 √网站首页版式布局设计 √符合配色方案规定的色彩运用 √首页版块样式设计 √导航设计 √字体、图标等网页元素设计 √恰当应用html、JavaScript等脚本语言实现网站特效 √恰当设计与后台功能相关的前台页面效果	专业能力： √能够根据传播要素、网站结构规划和风格定位进行主视觉创意构思，配色方案设计和首页版式布局规划，并以此为基准，贯穿运用于整个网站的设计中 √能够熟练运用界面设计制作软件（Photoshop）实现创意设计方案 √能够进行清晰和便捷的导航设计 √能够进行符合网站设计规范的字体设计与运用 √具备应用html、JavaScript等脚本语言实现网站特效的可行性分析能力 √能够判断需要由后台程序技术支持的前台页面设计表现形式
√网站主视觉创意的设计实现 √上述全部设计内容	方法能力： √能够独立进行创意性思维 √能够在工作中，综合与灵活运用专业知识和经验 √能够在工作过程中持续、自主地学习 √能够合理制订工作计划和对进度进行有效管理
√本环节的全部教学内容	社会能力： √能够有效地进行团队合作（沟通、包容、互补、激励）； √能够根据需要，合理地组织与协调团队工作； √能够应对工作过程中各种复杂和突发状况； √养成关注结果，竭尽全力达成工作目标的责任感和意志力

③ 需在本环节提交的文件及其规范：项目助理负责更新《项目计划及进度记录表》；相关责任人负责《设计质检表》参见表4-27；设计师负责网站首页设计（修改稿），提交JPG格式的效果图。

注：以上各点内容来自本环节的《指导教案》。

依照《指导教案》的内容，完成《学习指导书》本环节相应的设计。《学习指导书》的具体内容，详见附录：CBFS公益组织网站建设项目教学《学习指导书》的相应内容。

4.4.3.2　本环节的教学实施

（1）采用的教学方法。

启发和引导性练习。

实施细节详见本条目"（3）教学实施过程"的示例。

（2）教学实施步骤计划参见表4-26。

表4-26　会议纪要表

No	发言人 Speaker	议题 Topic	事项及纪要 Description & Memo	责任人 Responsible	时间结点 Deadline
8	项目负责人	后续工作任务及安排	B轨学生的工作任务及安排：		
			根据会议研讨确定的意见，完成首页的修改	B轨学生	12/17，下班前

（3）教学实施过程。

① B轨学生修改网站首页方案。在此过程中，B轨指导教师给予必要的指导，并负责修改方案的审核与质量监控工作。这种指导、审核与质检在B组内部循环进行，直到学生完成网站首页方案的修改。

② B轨阶段性工作记录：B轨指导教师在此教学任务中，随时发现问题和解决问题，并记录本阶段学生们普遍存在的问题和疑惑，以及本阶段为学生们补充讲解的知识或专业基础技能。

此阶段的工作记录表（B组阶段性工作记录.xls）详见"任务10：网站栏目页初稿研讨会"中相应内容。

③ 项目教学的进度及规范化管理：B轨助教对B轨学生在项目运作过程中的进度及规范化执行情况，进行监督，并在本阶段B轨项目运作/教学任务结束时，及时更新《项目计划及进度记录表》，提交A组项目助理（兼任整个项目运作的"流程员"）。

B轨更新的《项目计划及进度记录表》详见"任务10：网站栏目页初稿研讨会"中相应内容。

4.4.3.3　本环节项目运作和教学结果

（1）项目运作成果。

A轨设计师修改完成网站首页方案参见图4-48 A轨设计师网站首页修改稿方案一。

图4-48　A轨设计师网站首页修改稿方案一

方案二参见图4-49 A轨设计师网站首页修改稿方案二。

图4-49　A轨设计师网站首页修改稿方案二

表4-27　A轨设计师质检表

工作任务	质检人	签字确认	日期	备注
创意设计草案内部修改定稿	策划/文案	黄菁	Dec 12,09	
	主设计师	孙丽林	Dec.12.09	
	质检员	李翔	Dec.12.09	
网站首页内部修改定稿	主设计师	孙丽林	Dec.16.09	
	质检员	李翔	Dec.16.09	

（2）重点教学成果。

① B轨学生阶段性作品（以杨同学和孙同学方案为例），杨同学方案参见图4-50 B轨学生网站首页修改稿方案一。

图4-50   B轨学生网站首页修改稿方案一

② 孙同学方案参见图4-51 B轨学生网站首页修改稿方案二。

图4-51   B轨学生网站首页修改稿方案二

工作任务	质检人	签字确认	日期	备注
创意设计草案内部修改定稿	策划/文案	黄蕾	Dec.12.09	
	主设计师	杨雪	Dec.12.09	
	质检员	程莉利	Dec.12.09	
网站首页内部修改定稿	主设计师	杨雪	Dec.16.09	
	质检员	唐吉利	Dec.16.09	

表4-28　B轨学生质检表-1

工作任务	质检人	签字确认	日期	备注
创意设计草案内部修改定稿	策划/文案	黄蕾	Dec.12.09	
	主设计师	孙莉娟	Dec.12.09	
	质检员	程莉利	Dec.12.09	
网站首页内部修改定稿	主设计师	孙莉娟	Dec.16.09	
	质检员	唐吉利	Dec.16.09	

表4-29　B轨学生质检表-2

③ 其他学习成果。

学生们掌握了如何在审核确认的《设计修改单》基础上，准确领会修改意见，并按时完成网站首页设计稿的修改。

4.5 网站栏目页设计

4.5.1　任务9：设计网站栏目页初稿

A、B轨指导教师的主要工作任务：

教学设计；A轨教师提供网站首页设计方案；完成"网站栏目页"设计；B轨教师重点指导学生完成"网站栏目页设计"和"页面设计"任务。

B轨学生小组主要的学习任务：

明确学习目的，领会《学习指导书》；通过项目实践训练，能够与前面的"网站首页"保持风格统一，完成"网站栏目页"设计；并在"栏目页规划"基础上，运用布局及设计元素，完成"页面设计"。

4.5.1.1　本环节的教学设计

（1）项目运作的阶段性工作任务。

在客户确定的网站首页设计稿基础上，保持统一设计风格，完成网站栏目页的设计。

（2）基于项目运作的教学设计。

本环节的教学任务设计以本阶段项目运作任务为依托（即《指导教案》中教学任务详述部分此环节的内容）：

① 教学目的：通过项目实践训练，学生能够在前面已确定的"网站首页设计稿"上，保持统一设计风格，完成"网站栏目页"这一设计任务；

通过项目实践训练，学生能够在前面已确定的"栏目页规划"基础上，合理运用布局及设计元素，完成"页面设计"。

② 教学内容与职业能力目标的对应详见表4-30。

表4-30　教学内容与职业能力目标对照表

教学内容	职业能力目标
√网站栏目页版式布局 √网站栏目页主视觉设计 √网站设计风格的统一性 √与网站首页配色方案相协调的色彩运用 √网站栏目页的副导航（二级、三级导航）、快速返回导航设计 √字体、图标等网页元素设计 √恰当应用html、JavaScript等脚本语言实现网站特效 √恰当设计与后台功能相关的前台页面效果	专业能力： √能够根据传播要素、网站结构规划和风格定位进行主视觉创意构思，配色方案设计和首页版式布局规划，并以此为基准，贯穿运用于整个网站的设计中 √能够熟练运用界面设计制作软件（Photoshop）实现创意设计方案 √能够进行清晰和便捷的导航设计 √能够进行符合网站设计规范的字体设计与运用 √具备应用html、JavaScript等脚本语言实现网站特效的可行性分析能力 √能够判断需要由后台程序技术支持的前台页面设计表现形式
√网站主视觉创意的设计实现 √上述全部设计内容	方法能力： √能够独立进行创意性思维 √能够在工作中综合与灵活运用专业知识和经验 √能够在工作过程中持续、自主地学习 √能够合理制订工作计划和对进度进行有效管理
√本环节的全部教学内容	社会能力： √能够有效地进行团队合作（沟通、包容、互补、激励） √能够根据需要，合理地组织与协调团队工作 √能够应对工作过程中各种复杂和突发状况 √养成关注结果，竭尽全力达成工作目标的责任感和意志力

③ 需在本环节提交的文件及其规范：项目助理负责更新《项目计划及进度记录表》。设计师负责网站栏目页设计（初稿），提交JPG格式的效果图；B轨指导教师负责更新《B组阶段性工作记录》。

注：以上各点内容来自本环节的《指导教案》。

依照《指导教案》的内容，完成《学习指导书》本环节相应的设计。《学习指导书》的具体内容，详见附录：CBFS公益组织网站建设项目教学《学习指导书》的相应内容。

4.5.1.2 本环节的教学实施

（1）采用的教学方法。

① 引导性练习；

② 方法能力练习。

实施细节详见本条目"（3）教学实施过程"的示例。

（2）教学实施步骤计划参见表4-31。

表4-31 会议纪要表

发言人 Speaker	议题 Topic	事项及纪要 Description & Memo	责任人 Responsible	时间结点 Deadline
项目负责人	后续工作任务及安排	B轨学生的工作任务及安排：		
		根据确定的网站首页方案，完成网站栏目页设计	B轨学生	12/17，下班前

（3）教学实施过程。

① B轨学生根据A轨专业教师审核确定的网站首页设计方案，着手进行栏目页的样式设计。在此过程中，根据各自的需要，B轨学生可继续搜集适用的素材。B轨指导教师在过程中进行点评和指导。

② B轨阶段性工作记录：B轨指导教师在此教学任务中，随时发现问题和解决问题，并记录本阶段学生们普遍存在的问题和疑惑，以及本阶段为学生们补充讲解的知识或专业基础技能。

B轨作"阶段性记录表"详见"任务10：网站栏目页初稿研讨会"中相应内容。

③ 项目教学的进度及规范化管理：B轨助教监督B轨学生的进度及规范化执行情况，并在本阶段B轨项目运作/教学任务结束时，及时更新《项目计划及进度记录表》，提交A轨项目助理（兼任整个项目运作的"流程员"）。

B轨的更新《项目计划及进度记录表》详见"任务10：网站栏目页初稿研讨会"中相应内容。

4.5.1.3 本环节项目运作和教学结果

（1）项目运作成果。

A轨设计师完成的"栏目页方案-1.jpg""栏目页方案-2.jpg"。

设计师作品展示详见"任务10：网站栏目页初稿研讨会"中相应内容。

（2）重点教学成果。

① B轨学生阶段性作品："何昕"文件包；"孙鹏"文件包；"杨雪"文件包；"王丹"文件包；"马鑫秋"文件包。部分学生作品展示参见"任务10：网站栏目页初稿研讨会"中相应内容。

② 其他学习成果：学会了如何与前面的"网站首页设计稿"保持统一设计风格，完成了网站栏目

页设计任务；学会如何依据前面客户认可的"栏目页规划"，合理运用布局及设计元素，完成页面设计任务。

4.5.2 任务10：研讨网站栏目页初稿

A、B轨指导教师的主要工作任务：

教学设计；制订计划，组织相关会议；A轨主设计师讲解网站栏目页设计方案，示范研讨，A、B轨教师共同点评，讲解如何运用网页设计相关知识、经验与技巧，实现最适合的"网页设计"。指导学生修改"网站栏目页设计方案"。

B轨学生小组主要的学习任务：

明确学习目的，领会《学习指导书》；依据"网站首页统一风格"，提出适合的"栏目页"创意设计，学会阐述设计方案技巧；领会如何运用网页设计知识、经验与技巧，实现最适合的"网页设计"；明确自身"网站栏目页设计方案"的优劣之处，明确该如何修改"网站栏目页设计方案"。

4.5.2.1 本环节的教学设计

（1）项目运作的阶段性工作任务。

① 听取设计师阐述网站栏目页设计初稿的设计思路；

② 项目团队相关成员共同研讨，形成统一意见，以此为基础，下达修改任务。

（2）基于项目运作的教学设计。

本环节教学任务设计以本阶段项目运作任务为依托（即《指导教案》中教学任务详述部分此环节的内容）。

① 教学目的：通过A轨主设计师讲解网站栏目页设计方案，训练学生在网站首页统一风格的基础上，进行恰当和有创意的栏目页设计，以及设计方案阐述的技巧；通过A轨教师之间示范研讨"网站栏目页设计方案"修改意见，使学生领会如何运用网页设计知识、经验与技巧，实现最适合的"网页设计"；

通过A轨专业教师和B轨指导教师点评，辅导学生明确自身"网站栏目页设计方案"的优劣之处；A、B轨都理解该如何修改"网站栏目页设计方案"。

② 教学内容与职业能力目标的对应参见表4-32。

表4-32　教学内容与职业能力目标对照表

教学内容	职业能力目标
✓网站栏目页版式布局 ✓网站栏目页主视觉设计 ✓网站设计风格的统一性 ✓与网站首页配色方案相协调的色彩运用 ✓网站栏目页的副导航（二级、三级导航）、快速返回导航设计 ✓字体、图标等网页元素设计 ✓恰当应用html、JavaScript等脚本语言实现网站特效 ✓恰当设计与后台功能相关的前台页面效果	专业能力： ✓能够根据传播要素、网站结构规划和风格定位进行主视觉创意构思，配色方案设计和首页版式布局规划，并以此为基准，贯穿运用于整个网站的设计中 ✓能够进行清晰和便捷的导航设计 ✓能够进行符合网站设计规范的字体设计与运用 ✓具备应用html、JavaScript等脚本语言实现网站特效的可行性分析能力 ✓能够判断需要由后台程序技术支持的前台页面设计表现形式
✓网站栏目页设计方案的讲解	方法能力： ✓能够清晰、技巧地撰写与阐述设计方案
✓网站栏目页设计方案的讲解 ✓师生互动交流	社会能力： ✓能够利用语言和文字清晰并有说服力地表达工作相关的意见与建议

③ 在本环节教学前需要准备的文件：项目助理负责会议议程。

④ 需在本环节提交的文件及其规范：项目助理负责会议纪要；设计师负责《设计修改单》。

注：以上各点内容来自本环节的《指导教案》。

依照《指导教案》的内容，完成《学习指导书》本环节相应的设计。《学习指导书》的具体内容，详见附录：CBFS公益组织网站建设项目教学《学习指导书》的相应内容。

4.5.2.2　本环节的教学实施

（1）采用的教学方法。

① 示范与讲解

② 点评与分析

③ 师生互动交流

实施细节详见本条目"（3）教学实施过程"的示例。

（2）教学实施步骤计划。

本阶段教学实施以《会议议程》为准，逐步开展项目教学参见表4-33。

表4-33　会议议程

开始时间	议题	主讲人	参与人	目的
15：30	介绍本次会议的议程 需准备文件： ✓会议议程	项目负责人	全体成员	了解本次会议的议程
15：35	讲解企业中"网站栏目页初稿研讨会"的作用	项目负责人	B轨学生	了解本次会议在企业中的作用

续表

开始时间	议题	主讲人	参与人	目的
15：40	阐述网站栏目页初稿设计方案 需准备文件： √栏目页设计初稿	王设计师	全体成员	1．全体与会人员了解专业设计师的方案思路； 2．B轨学生了解A轨从专业角度如何做方案阐述
16：00	研讨确定修改意见	A轨专业教师	A轨教师	形成统一的方案修改意见
16：30	B组方案阐述及教师点评： 1．B组学生代表分组阐述方案； 需准备文件： √学生栏目页设计初稿； 2．A轨专业教师进行点评，并明确修改意见	B轨各小组代表 A轨专业教师	全体成员	1．审视B轨学生方案的设计成果 2．B轨学生了解方案的设计优缺点和修改思路
17：00	师生互动交流 1．"双轨并行"阶段的学生工作和学习情况沟通及交流； 需准备文件： √B组阶段性工作记录； 2．汇报A、B轨项目进度执行情况、规范化运作情况。 需准备文件： √更新的《项目计划及进度记录表》； 3．自由交流	唐老师 王助理（流程员） 全体成员	全体成员	1．A轨专业教师了解B轨学生在"双轨并行"阶段的问题； 2．为B轨学生答疑解惑； 3．了解A、B轨的项目进度及规范化执行情况
17：20	1．研讨确定A轨项目运作下一步工作任务及进度安排： 需准备文件： √项目计划及进度记录表 2．研讨确定B轨学生完成下一步工作任务的各项子任务及进度安排： 需准备文件： √项目计划及进度记录表	项目负责人 项目负责人、唐老师	A轨专业教师 B轨学生	1．确定相关设计部下一步工作任务及进度计划。 2．确定相关设计部B轨学生下一步的工作任务、子任务划分及进度计划
17：30	会议结束			

（3）教学实施过程：

① 会议概述：见表4-34。

表4-34　会议纪要

No.	发言人 Speaker	议题 Topic	事项及纪要 Description & Memo	责任人 Responsible
1	项目负责人	会议议程简介	详见本会议议程"网站栏目页初稿研讨会"	全体与会人员
2	项目负责人	讲解企业中"网站栏目页初稿研讨会"的作用	"网站栏目页初稿研讨会"的作用： 1．听取设计师阐述网站栏目页设计初稿的思路 2．项目团队相关成员共同研讨，形成统一意见，以此为基础，下达修改任务	B轨学生

② A轨设计师阐述网站栏目页初稿设计方案，通过研讨对修订意见达成一致：

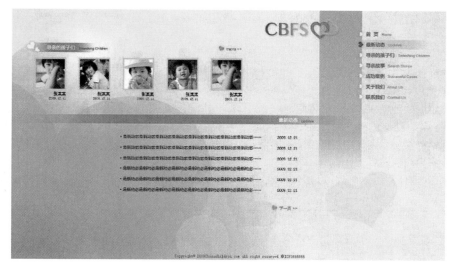

图4-52　A轨设计师网站栏目页初稿方案一

方案一
◆ 栏目页主视觉： 将网站首页的背景图作为栏目页的主视觉图，使整个网站视觉形象及风格完全统一。 ◆ 栏目页框架： a 固定导航位的设计：栏目页右侧主导航位置保持与首页统一，确保导航的一致性。 b 栏目内容位置的设计：在栏目标题行与竖向分隔条之间的空间，是栏目页内容位置。由于这个网站是一屏显示的页面，栏目页的内容在页面最居中的位置呈现，清晰而简洁。 c 其他固定版块：除"寻亲的孩子们"这个栏目以外，其他所有栏目页的上半部分，都固定展示"寻亲的孩子们"栏目中的信息，以达到强化本网站的传播目的的作用。 d 快速返回导航的设计：由于本网站只有一级栏目而没有二级，结构非常浅，因此，不需要设计快速返回导航条。

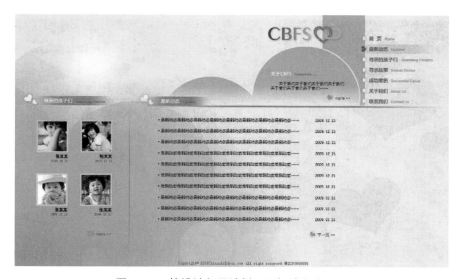

图4-53　A轨设计师网站栏目页初稿方案二

方案二
◆ 栏目页主视觉： 保留了首页的**Logo**和主视觉图中"心"型的上半部分，作为栏目页的主视觉，同样保持了整个网站视觉形象及风格的统一性。 ◆ 栏目页框架： **a** 固定导航位的设计：栏目页右侧主导航位置保持与首页统一，确保导航的一致性。 **b** 栏目内容位置的设计：除"寻亲的孩子们"以外的其他栏目页，栏目内容位置在栏目标题和"寻亲的孩子们"的右侧竖线划分组成的区域中，这个位置同样处于页面的正中间，通常是受众浏览的视觉焦点。 **c** 其他固定版块：除"寻亲的孩子们"这个栏目以外，其他所有栏目页的左侧，都固定展示"寻亲的孩子们"栏目中的信息，以达到强化本网站的传播目的的作用；当点击进入"寻亲的孩子们"时，栏目页标题行下面的全部区域都用来展示栏目内容。 **d** 快速返回导航的设计：由于本网站只有一级栏目而没有二级，结构非常浅，因此，不需要设计快速返回导航条。

研讨确定修改意见，总体意见：在两个方案中，大家统一认为，方案二更好一些，因为它对品牌形象的传递效果更佳。

方案一
无修改意见。

方案二
◆ 李设计师：设计细节：栏目页右下角空白感觉没有关系，但左上角目前看起来较空，建议考虑加一些设计元素，例如，领养家庭人物剪影，或再加一点"心"的元素等。具体加什么设计元素，还要再看王亚琳在修改方案时根据情况做调整。

③ B轨学生阐述及教师点评：每个B轨学生分别对自己设计的网站栏目页初稿进行阐述。学生完成方案阐述后，A轨专业教师对B轨学生的首页初稿做出有针对性的点评与指导。

仅以两位学生的网站栏目页初稿为例，说明此教学实施过程。

杨同学方案参见方案一。

图4-54　B轨学生网站栏目页初稿方案一

杨同学方案
每个页面的左边都是"寻亲的孩子们"，右侧为"最新动态"等板块
教师点评意见：
◆ 李设计师： 目前你的设计只是在背景上面直接排列了一些元素和内容，但没有层次感、没有变化感。建议你可以运用图形、边框和底色等设计元素，使页面多一些变化。
◆ 王设计师： a 设计细节：目前网站的内容较少，页面较宽，所以不好处理。建议可以增加一些曲线的装饰，将页面做一些分隔，既使页面活泼，又可以通过区域分隔，使页面显得更充实一些。 b 基础知识：适当的地方"留白"是可以的，只是要记住，"空"是必须经过设计思考之后的"空"，才是可以被接受的。

孙同学方案参见图4-55方案二。

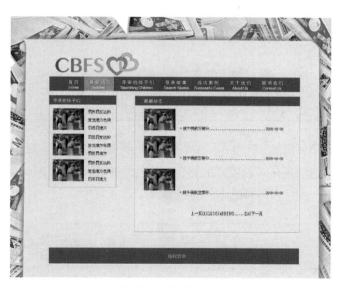

图4-55　B轨学生网站栏目页初稿方案二

孙同学方案参见图4-56方案三。

图4-56　B轨学生网站栏目页初稿方案三

孙同学方案
左侧做的"寻亲的孩子们"，右侧是"最新动态"等栏目，当访问"寻亲的孩子们"栏目时，就换成整版的孩子们的照片
教师点评意见：
◆ 王设计师：
设计细节："联系我们"的地方可以做得活泼一些，或者直接用一个有设计感的图片或图标来代替。点击进入相应栏目，查看"联系我们"的信息。
◆ 李设计师：
设计常识：在为客户提供任何设计方案时，即使你使用示意性的文字，也千万不要使用任何有诋毁性，或者粗俗的文字。这样会给公司形象带来极大的损害。示意性文字在任何门户网站上找一条中性新闻的文字就可以。
◆ 项目负责人：
任务完成情况：你的两个栏目页方案实际只能算一个，因为，这两个方案都使用了同一的栏目页框架结构。所以，还要再设计一个栏目页框架方案。
◆ 轨教师团队共同研讨修改建议。
a 目前设计的两个方案应该合并在一起，成为一版栏目页方案。 b 再设计一版栏目页版式，可考虑把目前报纸的"内容"，也就是各栏目的内容，以便签条的形式，分块展现出来。这样，既有设计感，又打破了你目前比较受局限的栏目页版式。

　　④ 师生互动交流：由B轨指导教师向A轨教师介绍B轨学生们在完成《创意设计草案》初稿过程中，遇到的困难和表现出的普遍问题，并通过师生间互动交流，使B轨学生了解自身或者其他同学方案的不足，明确需要改进的地方，并从教师讲述中，得到解答：

阶段性工作记录			
文件编号		CBFS-WD-0901-WR-04	
项目名称	CBFS公益组织网站建设	**教学阶段**	8. 网站首页内部修改定稿 9. 网站栏目页初稿设计
开始日期	16/Dec	**完成日期**	21/Dec
教学班级	CBFS组	**指导学生**	杨同学、何同学、王同学、马同学、孙同学
指导教师	唐老师	**更新日期**	21/Dec
本阶段学生普遍存在的问题			
1. 首页版块的内容表现形式不知道如何安排 2. 设计缺乏细节上的处理 3. 前台内容表现与后台功能如何衔接 4. 随意乱加网站功能，与项目实际需求不相符 5. 网络通用字体问题 6. 栏目页与首页风格不统一，缺乏衔接性 7. 栏目页不同版式设计的区别不明确 8. 栏目功能的多种表现形式不知道			
本阶段学生普遍提出的问题			
1. 具体如何实现想要的页面效果 2. 软件操作问题 3. 网页内容少的情况下，如何让页面设计看起来更丰满			

阶段性工作记录
本阶段补充相关知识点等教学内容
1. 优秀网站欣赏栏目页、内容页版式设计案例分析
2. JS广告代码、JS特效代码的表现形式

由A轨项目助理汇报A轨项目进度及规范化执行情况，B轨助教汇报B轨学生项目进度执行情况、规范化运作情况参见表4-35更新后的《项目计划及进度记录表》。

表4-35　更新后的《项目计划及进度记录表》

项目名称	责任人	编号	工作任务	开始日期	开始时间	结束日期	结束时间	执行者	部门	当前状况	附件	传达
CBFS公益组织网站建设	黄睿	7	网站首页初稿研讨会	16-Dec-09	15:50	16-Dec-09	18:00	项目组全体成员	客户部、互动媒体设计部、B组	已完成	会议纪要及附件	全体与会人员
	王亚琳	7.A	设计修改单	16-Dec-09	18:00	16-Dec-09	19:00	王亚琳	互动媒体设计部	已按时提交	CBFS-WD-0901－设计修改单－02－王亚琳.doc	李梅、王亚琳、王蕾
	杨雪	7.B	设计修改单	16-Dec-09	18:00	16-Dec-09	19:00	唐芸莉	B组	已按时提交	CBFS-WD-0901－设计修改单－02－杨雪.doc	杨雪、王蕾
	何昕	7.B	设计修改单	16-Dec-09	18:00	16-Dec-09	19:00	唐芸莉	B组	已按时提交	CBFS-WD-0901－设计修改单－02－何昕.doc	何昕、王蕾
	王丹	7.B	设计修改单	16-Dec-09	18:00	16-Dec-09	19:00	唐芸莉	B组	未参加会议无修改单		王丹、王蕾
	孙鹏	7.B	设计修改单	16-Dec-09	18:00	16-Dec-09	19:00	唐芸莉	B组	已按时提交	CBFS-WD-0901－设计修改单－02－孙鹏.doc	孙鹏、王蕾
	马鑫秋	7.B	设计修改单	16-Dec-09	18:00	16-Dec-09	19:00	唐芸莉	B组	已按时提交	CBFS-WD-0901－设计修改单－02－马鑫秋.doc	马鑫秋、王蕾
CBFS公益组织网站建设	王亚琳	8.A	网站首页内部修改定稿	16-Dec-09	17:30	17-Dec-09	17:30	王亚琳	互动媒体设计部	已按时提交	网站首页设计方案（JPG效果图）	黄睿、李梅、王蕾
	杨雪	8.B	网站首页内部修改定稿	16-Dec-09	17:30	17-Dec-09	17:30	杨雪	B组	已按时提交	网站首页设计方案（JPG效果图）	黄睿、唐芸莉、王蕾
	何昕	8.B	网站首页内部修改定稿	16-Dec-09	17:30	17-Dec-09	17:30	何昕	B组	已按时提交	网站首页设计方案（JPG效果图）	黄睿、唐芸莉、王蕾
	王丹	8.B	网站首页内部修改定稿	16-Dec-09	17:30	17-Dec-09	17:30	王丹	B组	未提交修改稿	网站首页设计方案（JPG效果图）	黄睿、唐芸莉、王蕾
	孙鹏	8.B	网站首页内部修改定稿	16-Dec-09	17:30	17-Dec-09	17:30	孙鹏	B组	已按时提交	网站首页设计方案（JPG效果图）	黄睿、唐芸莉、王蕾
	马鑫秋	8.B	网站首页内部修改定稿	16-Dec-09	17:30	17-Dec-09	17:30	马鑫秋	B组	已按时提交	网站首页设计方案（JPG效果图）	黄睿、唐芸莉、王蕾
CBFS公益组织网站建设	王亚琳	9.A	网站栏目页初稿设计	18-Dec-09	8:30	21-Dec-09	17:30	王亚琳	互动媒体设计部	已按时提交	网站栏目页设计初稿（JPG效果图）	黄睿、李梅、王蕾
	杨雪	9.B	网站栏目页初稿设计	18-Dec-09	8:30	21-Dec-09	17:30	杨雪	B组	已按时提交	网站栏目页设计初稿（JPG效果图）	黄睿、唐芸莉、王蕾
	何昕	9.B	网站栏目页初稿设计	18-Dec-09	8:30	21-Dec-09	17:30	何昕	B组	已按时提交	网站栏目页设计初稿（JPG效果图）	黄睿、唐芸莉、王蕾
	王丹	9.B	网站栏目页初稿设计	18-Dec-09	8:30	21-Dec-09	17:30	王丹	B组	已按时提交	网站栏目页设计初稿（JPG效果图）	黄睿、唐芸莉、王蕾
	孙鹏	9.B	网站栏目页初稿设计	18-Dec-09	8:30	21-Dec-09	17:30	孙鹏	B组	已按时提交	网站栏目页设计初稿（JPG效果图）	黄睿、唐芸莉、王蕾
	马鑫秋	9.B	网站栏目页初稿设计	18-Dec-09	8:30	21-Dec-09	17:30	马鑫秋	B组	已按时提交	网站栏目页设计初稿（JPG效果图）	黄睿、唐芸莉、王蕾

自由交流时学生提出的问题：

a 如果客户要求的页面宽度较宽，而网站内容又少，版面应该怎么处理？

b 设计时总感觉版面太空，怎么解决这个问题？

黄睿、李梅、王亚琳三位老师共同讲解：

你们提出的两个问题，实际是同样的意思。通常，遇到这类问题可以有多种解决办法，包括：

a 把栏目页的内容部分加一层底背景，通过背景框把内容限定在比画面宽度小的范围之内，一方面便于设计，另一方面也使版面紧凑，传播焦点清晰；

b 左侧竖排二级栏目导航时，就可以把一列的空间占去，可缩减内容部分需要设计的空间；

c 像设计师方案二的处理办法，在栏目页内固定一个重要的版块，就可占去一定的页面空间，减少需要设计的内容空间，另外，还可以使页面更丰富；

d 可以做成图文混排的形式，就不要单纯使用文字，一方面可使画面美观和有吸引力，另一方面，又避免了画面过于空泛无物；

　　e 更多的处理办法，可多学习和借鉴其他参考网站。

　　⑤ 后续工作任务及安排：

No.	发言人 Speaker	议题 Topic	事项及纪要 Description & Memo	责任人 Responsible	时间结点 Deadline
7	项目负责人	后续工作任务及安排	A轨专业教师的工作任务及安排：		
			根据会议研讨确定的意见，完成栏目页的修改	王设计师	12/23下班前
			完成栏目页和内容页的完稿设计方案	王设计师	12/25中午
			B轨学生的工作任务及安排：		
			根据会议研讨确定的意见，完成栏目页的修改	B轨学生	12/23下班前
			完成栏目页和内容页的完稿设计方案	B轨学生	12/25中午

4.5.2.3　本环节项目运作和教学结果

（1）项目运作成果。

　　研讨确定了A轨设计师网站栏目页的修改意见。设计师填写《设计修改单》并提交项目负责人或创意总监审核确认，作为后续网站栏目页方案修改的依据。

（2）重点教学成果。

　　研讨确定了B轨各小组同学网站栏目页方案的修改意见，并由B轨指导教师填写各学生小组的《设计修改单》，经A轨主设计师复核确认，作为B轨学生后续方案修改的依据。

　　B轨学生们学会了如何使栏目页设计与网站首页风格达成统一，栏目页设计方案具有创意新性和适合性，并掌握了一些如何阐述设计方案的技巧；

　　B轨学生们领会了如何运用网页设计知识、经验与技巧，实现最适合的网站栏目页设计；

　　B轨学生们明确了自身网站栏目页设计方案中的优劣之处，问题所在，并明确了"栏目页"设计的修改意见。

4.5.3　任务11：内部修改、确定网站栏目页设计稿

A、B轨指导教师的主要工作任务：

　　教学设计；B轨教师重点指导学生理解《设计修改单》，辅导学生按时完成网站栏目页设计稿的修改任务。

　　A轨教师暂不参与。

B轨学生小组主要的学习任务：

　　明确学习目的，领会《学习指导书》；在B轨教师的指导下，依据审核确认的《设计修改单》，准确领会修改意见，能够按时完成网站栏目页设计稿的修改任务。

4.5.3.1 本环节的教学设计

（1）项目运作的阶段性工作任务。

根据《设计修改单》的要求，完成网站栏目页的内部修订工作。此过程可能包括一个或若干个在项目负责人和专业设计师之间进行的内部修改稿的审核和修订工作，直至形成公司内部确认的网站栏目页设计方案。但这样的小工作循环，通常不再以召开内部研讨会的方式进行。

（2）基于项目运作的教学设计。

本环节教学任务的设计以本阶段的项目运作任务为依托（即《指导教案》中教学任务详述部分对应此环节的内容）：

① 教学目的：通过项目教学实践，训练学生的审核能力、领会能力，以及根据任务需求适时调整的执行能力。

② 教学内容与职业能力目标的对应，详见表4-36。

表4-36　教学内容与职业能力目标的对照表

教学内容	职业能力目标
√网站栏目页版式布局 √网站栏目页主视觉设计 √网站设计风格的统一性 √与网站首页配色方案相协调的色彩运用 √网站栏目页的副导航（二级、三级导航）、快速返回导航设计 √字体、图标等网页元素设计 √恰当应用html、JavaScript等脚本语言实现网站特效 √恰当设计与后台功能相关的前台页面效果	专业能力： √能够根据传播要素、网站结构规划和风格定位进行主视觉创意构思，配色方案设计和首页版式布局规划，并以此为基准，贯穿运用于整个网站的设计中 √能够熟练运用界面设计制作软件（Photoshop）实现创意设计方案 √能够进行清晰和便捷的导航设计 √能够进行符合网站设计规范的字体设计与运用 √具备应用html、JavaScript等脚本语言实现网站特效的可行性分析能力 √能够判断需要由后台程序技术支持的前台页面设计表现形式
√网站主视觉创意的设计实现 √上述全部设计内容	方法能力： √能够独立进行创意性思维 √能够在工作中，综合与灵活运用专业知识和经验 √能够在工作过程中持续、自主地学习 √能够合理制订工作计划和对进度进行有效管理
√本环节的全部教学内容	社会能力： √能够有效地进行团队合作（沟通、包容、互补、激励）； √能够根据需要，合理地组织与协调团队工作； √能够应对工作过程中各种复杂和突发状况； √养成关注结果，竭尽全力达成工作目标的责任感和意志力

③ 需在本环节提交的文件及其规范：项目助理负责更新的《项目计划及进度记录表》；相关责任人《设计质检表》；设计师负责《网站栏目页设计（修改稿）》，提交JPG格式的效果图。

注：以上各点内容来自本环节的《指导教案》。

依照《指导教案》的内容，完成《学习指导书》本环节相应的设计。《学习指导书》的具体内容，详见附录：CBFS公益组织网站建设项目教学《学习指导书》的相应内容。

4.5.3.2　本环节的教学实施

（1）采用的教学方法。

启发和引导性练习。实施细节详见本条目"（3）教学实施过程"的示例。

（2）教学实施步骤计划如下：

No	发言人 Speaker	议题 Topic	事项及纪要 Description & Memo	责任人 Responsible	时间结点 Deadline
7	项目负责人	后续工作任务及安排	B轨学生的工作任务及安排： 根据会议研讨确定的意见，完成栏目页的修改。	B轨学生	12/23，下班前

（3）教学实施过程。

① B轨学生修改网站栏目页方案。在此过程中，B轨指导教师给予必要的指导，并负责修改方案的审核与质量监控工作。这种指导、审核与质检在B轨内部循环进行，直到学生完成网站栏目页方案的修改。

② B轨阶段性工作记录：B轨指导教师在此教学任务中，随时发现问题和解决问题，并记录本阶段学生们普遍存在的问题和疑惑，以及本阶段为学生们补充讲解的知识或专业基础技能。

此阶段的工作记录表（B轨阶段性工作记录）详见"任务13：网站栏目页及内稿研讨会"中相应内容。

③ 项目教学的进度及规范化管理：B轨助教对B轨学生在项目运作过程中的进度及规范化执行情况，进行监督，并在本阶段B轨项目运作/教学任务结束时，及时更新《项目计划及进度记录表》，提交A轨项目助理（兼任整个项目运作的"流程员"）。

B轨更新的《项目计划及进度记录表》详见"任务13：网站栏目页及内容页完稿研讨会"中相应内容。

4.5.3.3　本环节项目运作和教学结果

（1）项目运作成果。

A轨设计师修改完成的"网站栏目页设计"方案一、方案二，参见图4-57、图4-58；A轨设计师质检表见表4-37。

图4-57　A轨设计师网站栏目页修改稿方案一　　　　图4-58　A轨设计师网站栏目页修改稿方案二

表4-37　A轨设计师质检表

工作任务	质检人	签字确认	日期	备注
创意设计草案内部修改定稿	策划/文案	黄蕾	Dec 12,09	
	主设计师	刘丽林	Dec 12.09	
	质检员	李梅	Dec.12.09	
网站首页内部修改定稿	主设计师	刘丽林	Dec.16.09	
	质检员	李梅	Dec.16.09.	
网站栏目页内部修改定稿	主设计师	刘丽林	Dec.23.09	
	质检员	李梅	Dec.23.09.	

（2）重点教学成果。

① B轴学生阶段性作品以杨同学和孙同学设计方案为例，杨同学方案一、方案二参见图4-59、图4-60。

图4-59　B轴学生网站栏目页修改稿方案一

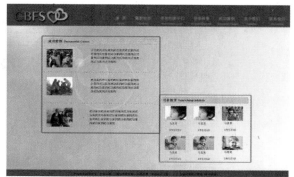

图4-60　B轴学生网站栏目页修改稿方案二

表4-38　B轴学生质检表

工作任务	质检人	签字确认	日期	备注
创意设计草案内部修改定稿	策划/文案	黄蕾	Dec.12.09	
	主设计师	杨雪	Dec.12.09	
	质检员	程晨	Dec.12.09	
网站首页内部修改定稿	主设计师	杨雪	Dec.16.09	
	质检员	唐志利	Dec.16.09	
网站栏目页内部修改定稿	主设计师	杨雪	Dec.23.09	
	质检员	程晨	Dec.23.07	

孙同学方案参见图4-61、图4-62。

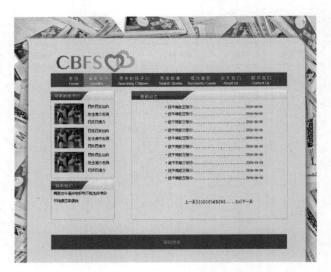

图4-61   B轨学生网站栏目页修改稿方案三

图4-62   B轨学生网站栏目页修改稿方案四

表4-39   B轨学生质检表

工作任务	质检人	签字确认	日期	备注
创意设计草案 内部修改定稿	策划/文案	黄蕾	Dec. 12.09	
	主设计师		Dec. 12.09	
	质检员		Dec. 12.09	
网站首页内部 修改定稿	主设计师		Dec. 16.09	
	质检员		Dec. 16.09	
网站栏目页内 部修改定稿	主设计师		Dec. 23.09	
	质检员		Dec. 23.09	

② 其他学习成果：学生们学会了在审核确认的《设计修改单》基础上，准确领会修改意见，并能按时完成网站栏目页设计稿的修改任务。

4.6 网站栏目页及内容页完稿设计

4.6.1 任务12：设计网站栏目页及内容页完稿

A、B轨指导教师的主要工作任务：

做好教学设计；A轨教师提供网站首页设计方案；完成"网站栏目页"设计；B轨教师重点指导学生完成"网站栏目页设计"和"页面设计"任务。

B轨学生小组的主要学习任务：

明确学习目的，领会《学习指导书》；通过项目实践训练，能够与前面的"网站首页"保持风格统一，完成"网站栏目页"设计；并在"栏目页规划"基础上，运用布局及设计元素，完成"页面设计"。

4.6.1.1 本环节的教学设计

（1）项目运作的阶段性工作任务。

网站栏目页设计定稿后，根据网站各栏目页和内容页要发布的信息内容，设计制作每个页面的完稿效果图，设计风格需要符合网站统一风格，其中设计的形式包括新闻列表、图片展示、流媒体播放、图文混排等。

（2）基于项目运作的教学设计。

本环节教学任务的设计以本阶段的项目运作任务为依托（即《指导教案》中教学任务详述部分此环节的内容）：

① 教学目的：训练学生相关完稿的设计任务。

② 教学内容与职业能力目标的对应详见表4-40。

表4-40　教学内容与职业能力目标对照表

教学内容	职业能力目标
√网页内容的版式设计 √与网站栏目页配色方案相协调的色彩运用 √字体、图标等网页元素设计 √恰当应用html、JavaScript等脚本语言实现网站特效 √恰当设计与后台功能相关的前台页面效果	专业能力： √能够根据传播要素、网站结构规划和风格定位进行主视觉创意构思，配色方案设计和首页版式布局规划，并以此为基准，贯穿运用于整个网站的设计中 √能够进行符合网站设计规范的字体设计与运用 √具备应用html、JavaScript等脚本语言实现网站特效的可行性分析能力 √能够判断需要由后台程序技术支持的前台页面设计表现形式
√上述全部设计内容	方法能力： √能够在工作中，综合与灵活运用专业知识和经验 √能够在工作过程中持续、自主地学习 √能够合理制订工作计划和对进度进行有效管理
√本环节的全部教学内容	社会能力： √能够有效地进行团队合作（沟通、包容、互补、激励）； √能够根据需要，合理地组织与协调团队工作； √能够应对工作过程中各种复杂和突发状况； √养成关注结果，竭尽全力达成工作目标的责任感和意志力

③ 需在本环节提交的文件及其规范：

项目助理负责更新《项目计划及进度记录表》；

设计师负责网站栏目页及内容页完稿设计，提交JPG格式的效果图；

B轨指导教师负责更新《B轨阶段性工作记录》。

注：以上各点内容来自本环节的《指导教案》。

依照《指导教案》的内容，完成《学习指导书》本环节相应的设计。《学习指导书》的具体内容，详见附录：CBFS公益组织网站建设项目教学《学习指导书》的相应内容。

4.6.1.2　本环节的教学实施

（1）采用的教学方法。

① 引导性练习；

② 方法能力练习。实施细节详见本条目"（3）教学实施过程"的示例。

（2）教学实施步骤计划。

根据项目负责人/教学组长提出的进度要求，安排本阶段的教学计划：

No	发言人 Speaker	议题 Topic	事项及纪要 Description & Memo	责任人 Responsible	时间结点 Deadline
7	项目负责人	后续工作任务及安排	B轨学生的工作任务及安排： 完成栏目页和内容页的完稿设计方案	 B轨学生	 12/25中午

（3）教学实施过程。

① B轨学生根据A轨专业教师审核确定的网站栏目页设计方案，着手进行栏目页和内容页的完稿设计。B轨指导教师在过程中进行点评和指导。

② B轨阶段性工作记录：B轨指导教师在此教学任务中，随时发现问题和解决问题，并记录本阶段学生们普遍存在的问题和疑惑，以及本阶段为学生们补充讲解的知识或专业基础技能。

此阶段的工作记录表（B轨阶段性工作记录）详见"任务13：网站栏目页及内容页完稿研讨会"中相应内容。

③ 项目教学的进度及规范化管理：B轨助教对B轨学生在项目运作过程中的进度及规范化执行情况，进行监督，并在本阶段B轨项目运作/教学任务结束时，及时更新《项目计划及进度记录表》，提交A轨项目助理（兼任整个项目运作的"流程员"）。

B轨更新的《项目计划及进度记录表》详见"任务13：网站栏目页及内容页完稿研讨会"中相应内容。

4.6.1.3　本环节项目运作和教学结果

（1）项目运作成果。

A轨专业设计师完成的本网站栏目页和内容页的完稿设计方案。设计师作品展示详见"任务13：网站栏目页及内容页完稿研讨会"中相应内容。

（2）重点教学成果。

① B轨学生阶段性作品："完稿方案-孙鹏"文件包；"完稿方案-杨雪"文件包；"完稿方案-王丹"文件包；"完稿方案-马鑫秋"文件包；"完稿方案-何昕"文件包。

② 其他学习成果：学生学会了如何在前面已经确定的网站栏目页样式方案基础上，完成网站"栏目页"及"内容页"完稿的设计任务。

4.6.2　任务13：研讨网站栏目页及内容页完稿

A、B轨指导教师的主要工作任务：

教学设计；制订计划，组织相关会议；A轨主设计师讲解和研讨示范，A、B轨教师共同点评；B轨教师重点指导学生修改完稿设计方案。

B轨学生小组主要的学习任务：

明确学习目的，领会《学习指导书》；学生学会"栏目页"及"内容页"的页面设计要点及专业技巧；

学生明白自身网站"栏目页"及"内容页"完稿设计方案的优劣；并能够修改自己的完稿设计方案。

4.6.2.1 本环节的教学设计

（1）项目运作的阶段性工作任务。

通常在公司中，本阶段的工作不需要以召开研讨会的形式进行，而仅需内部审稿和提出修改意见，直至公司相关负责人内部确认定稿即可。

（2）基于项目运作的教学设计。

为了使学生们更清晰地了解和学习公司中本阶段的工作状态，以及本阶段的工作要点，特在"项目教学"流程中，增加此"双轨交互"的研讨会环节。《指导教案》中此环节的内容如下：

① 教学目的：通过A轨主设计师讲解和教师之间研讨网站栏目页及内容页完稿设计方案的示范，使学生了解到"栏目页"及"内容页"信息发布的页面设计要点及专业技巧；通过A轨教师和B轨指导教师的点评，帮助学生明白自身网站"栏目页"及"内容页"完稿设计方案的优劣之处；通过A、B双轨教师的示范、引导和点评，学生理解自己的网站"栏目页"及"内容页"完稿设计方案该如何修改。

② 教学内容与职业能力目标的对应详见表4-41。

表4-41 教学内容与职业能力目标对照表

教学内容	职业能力目标
√网页内容的版式设计 √与网站栏目页配色方案相协调的色彩运用 √字体、图标等网页元素设计 √恰当应用html、JavaScript等脚本语言实现网站特效 √恰当设计与后台功能相关的前台页面效果	专业能力： √能够根据传播要素、网站结构规划和风格定位进行主视觉创意构思，配色方案设计和首页版式布局规划，并以此为基准，贯穿运用于整个网站的设计中 √能够进行符合网站设计规范的字体设计与运用 √具备应用html、JavaScript等脚本语言实现网站特效的可行性分析能力 √能够判断需要由后台程序技术支持的前台页面设计表现形式
√设计意图阐述 √上述全部设计内容	方法能力： √能够清晰、技巧地撰写与阐述设计方案 √能够在工作中，综合与灵活运用专业知识和经验 √能够在工作过程中持续、自主地学习
√设计意图阐述 √师生互动交流	社会能力： √能够利用语言和文字清晰并有说服力地表达工作相关的意见与建议

③ 在本环节教学前需要准备的文件：项目助理负责《会议议程》。

④ 需在本环节提交的文件及其规范：项目助理负责《会议纪要》；设计师负责《设计修改单》。

注：以上各点内容来自本环节的《指导教案》。

依照《指导教案》的内容，完成《学习指导书》本环节相应的设计。《学习指导书》的具体内容，详见附录：CBFS公益组织网站建设项目教学《学习指导书》的相应内容。

4.6.2.2 本环节的教学实施

（1）采用的教学方法。

① 示范与讲解；

② 点评与分析；

③ 师生互动交流。

实施细节详见本条目"（3）教学实施过程"的示例。

（2）教学实施步骤计划。

该阶段项目教学以相关会议形式开展，具体以《会议议程》为准，详见表4-42。

表4-42 会议议程

开始时间	议题	主讲人	参与人	目的
15：30	介绍本次会议的议程 需准备文件： √会议议程	项目负责人	全体与会人员	了解本会议的总体状况
15：35	讲解企业中"网站栏目页及内容页完稿研讨会"的作用	项目负责人	全体成员	了解本环节在企业运作的项目流程中的作用
15：40	阐述网站栏目页及内容页完稿方案 需准备文件： √网站栏目页及内容页完稿设计方案	王设计师	全体成员	1. 全体与会人员了解专业设计师的方案思路 2. B轨学生了解A轨从专业角度如何做方案阐述
16：00	研讨确定修改意见	A轨教师	A轨教师	形成统一的方案修改意见
16：30	B轨方案阐述及点评： 1. B轨学生代表分组进行方案阐述 需准备文件： 学生网站栏目页及内容页完稿设计方案 2. A轨专业教师进行点评，并明确修改意见	B轨各小组代表 A轨教师	全体成员	1. 审视B轨学生方案的设计成果 2. B轨学生了解方案的设计优缺点和修改思路
17：00	师生互动交流 1."双轨并行"阶段的学生工作和学习情况沟通及交流； 需准备文件： √B轨阶段性工作记录.xls； 2. 汇报A、B轨项目进度执行情况、规范化运作情况。 需准备文件： √更新的《项目计划及进度记录表》； 3. 自由交流	唐老师 王助理（流程员） 全体成员	全体成员	1. A组专业教师了解B组学生在"双轨并行"阶段的问题； 2. 为B轨学生答疑解惑； 3. 了解A、B轨的项目进度及规范化执行情况

续表

开始时间	议题	主讲人	参与人	目的
17：10	1. 研讨确定A轨项目运作下一步工作任务及进度安排： 需准备文件： √项目计划及进度记录表。 2. 研讨确定B轨学生完成下一步工作任务的各项子任务及进度安排： 需准备文件： √项目计划及进度记录表	项目负责人 项目负责人 唐老师	A轨教师 B轨学生	1. 确定相关设计部下一步工作任务及进度计划。 2. 确定相关设计部B轨学生下一步的工作任务、子任务划分及进度计划
17：20	会议结束			

（3）教学实施过程。

① 会议概述参见表4-43。

表4-43　会议纪要

No	发言人 Speaker	议题 Topic	事项及纪要 Description & Memo	责任人 Responsible
1	项目负责人	会议议程简介	详见本会议议程"网站栏目页及内容页完稿研讨会"	全体与会人员
2	项目负责人	讲解企业中"网站栏目页及内容页完稿研讨会"的作用	"网站栏目页及内容页完稿研讨会"的作用：通常在公司中，本阶段的工作不需要以召开研讨会的形式进行，而仅需内部审稿和提出修改意见，直至公司相关负责人内部确认定稿即可。为了使学生们更清晰地了解和学习公司中本阶段的工作状态，以及本阶段的工作要点，特在"项目教学"流程中，增加此"双轨交互"的研讨会环节	B轨学生

② A轨设计师阐述网站栏目页及内容页完稿方案，研讨确定统一的修改意见，栏目"最新动态"完稿方案参见图4-63。

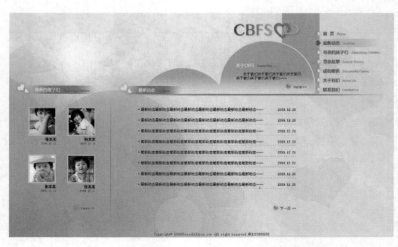

图4-63　A轨设计师网站栏目页及内容页完稿方案

图4-64　A轨设计师网站栏目页及内容页完稿方案

图4-65　A轨设计师网站栏目页及内容页完稿方案

◆ "最新动态"栏目：这个栏目是新闻列表的样式。根据后台发布信息的情况，新闻可以是图文混排的，也可以是纯文本的。在栏目页中，仅以纯文字链的形式列出每条新闻动态。在每条文字信息的下面，增加了虚线，使视觉感觉更整齐。

"寻亲的孩子们"栏目设计方案一、方案二参见图4-64、图4-65。

图4-66   A轨设计师网站栏目页及内容页完稿方案

图4-67   A轨设计师网站栏目页及内容页完稿方案

图4-68   A轨设计师网站栏目页及内容页完稿方案

◆"寻亲的孩子们"栏目：
a"方案一"的栏目页可显示的儿童信息较少，但设计样式较活泼，且每个儿童的展示较清晰；
b"方案二"的好处在于，一屏显示的"寻亲的孩子们"数量较多。在网站使用一段时间，信息量加大后，用户翻阅这个栏目的信息会更方便一些。

"寻亲故事"栏目/"成功案例"栏目设计方案一、方案二参见图4-66、图4-67。

◆"寻亲故事"和"成功案例"使用相同的栏目页设计方案：
a"方案一"是放三个便条贴的形式，用小白心进行左右翻页，感觉像插在页面里，有空间感；
b"方案二"是图文混排的方式，除照片外，还可发布简单的文字信息，对照片做补充介绍。

"关于我们"/"联系我们"栏目参见图4-68。

图4-69　B轨学生网站栏目页及内容页完稿方案

图4-70　B轨学生网站栏目页及内容页完稿方案

◆ "关于我们"和"联系我们"使用相同的栏目页设计方案；

　　由于此页面是纯文本的形式，内容部分较死板，因此增加了左上角和右下角两个装饰图案。由于主视觉图上面有一个"关于我们"的简介信息，所以在"关于我们"栏目页时，这两部分的内容有部分重复。但由于主视觉图中的"关于我们"仅能显示一两行文字，不会对此页面的内容产生影响，使人感觉累赘。

　　研讨确定修改意见：

a 王设计师：便条式的样式看起来有些不自然。
b 项目负责人：建议在右下角也加一个圆角，感觉像是镶嵌在底背景上的相片。

　　③ B轨学生方案阐述及教师点评：每个B轨学生对自己完成的栏目页及内容页完稿方案进行阐述。学生完成方案阐述后，A轨专业教师对B轨学生的方案做出有针对性的点评与指导。

　　仅以一位学生的一套方案为例，说明此教学实施过程。

　　"关于我们"/"联系我们"栏目参见图4-69。

　　"寻亲的孩子们"栏目参见图4-70。

"寻亲故事" / "成功案例" 参见图4-71。

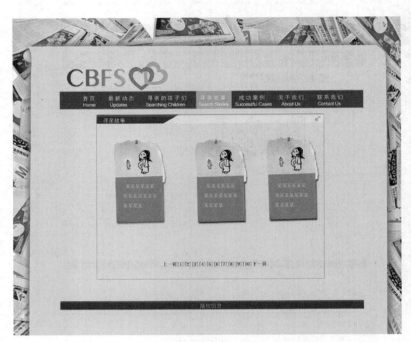

图4-71　B轨学生网站栏目页及内容页完稿方案

"最新动态" 栏目参见图4-72。

图4-72　B轨学生网站栏目页及内容页完稿方案

孙同学方案：
a "关于我们"栏目的版式空间想放两段不一样的文字，所以放在图片的上方和右方，但是目前还不知道会放什么。
b "寻亲的孩子"栏目做成了四个版块，每个里面是一个孩子的信息。
c "寻亲故事"栏目和"成功案例"栏目用了相同的便签形式。

教师点评意见：
◆ 王设计师： a 栏目页框架问题：所有栏目页都要用统一的框架结构。目前，"最新动态"和其他栏目页的框架结构就不相同。但"最新动态"的框架很可取，其他栏目页就显得有些空； b 设计风格："成功案例"和"寻亲故事"的便签设计，风格与网站整体风格不统一。这种效果更适合于年轻化的网站。这个便签设计不需要很复杂的样式，普通的便签就可以达到很好的效果。目前便签的颜色太跳，可考虑换黄色或其他柔和一些的颜色。
◆ 项目负责人： "关于我们"栏目：这个栏目页的文字内容通常不会出现两段不相关的文字，而是完整的一篇文件介绍，因此多排放在一起。实际发布内容时，仍可采用图文混排的方式，在文本中插入多张照片。

④ 师生互动交流：由B轨指导教师向A轨专业教师介绍B轨学生们在完成《创意设计草案》初稿设计与拟订的过程中，遇到的困难和表现出的普遍问题，并通过师生间互动交流，使B轨学生了解在上一教学任务中，自身或者其他同学做得不足或需要改进的地方，并从专业教师的讲解中，获取所需答案。

阶段性工作记录			
文件编号：		CBFS-WD-0901-WR-05	
项目名称	CBFS公益组织网站建设	教学阶段	11. 网站栏目页内部修改定稿 12. 网站栏目页及内容页完稿设计
开始日期	23/Dec	完成日期	25/Dec
教学班级	CBFS组	指导学生	杨同学、何同学、王同学、马同学、孙同学
指导教师	唐老师	更新日期	25/Dec
本阶段学生普遍存在的问题			
1. 栏目页及内容页的内容排版不知道如何处理 2. 设计缺乏细节上的处理 3. 字体内容太随意 4. 栏目功能的多种表现形式不知道 5. 内容排版不符合网页设计的要求，倾向于平面设计			
本阶段学生普遍提出的问题			
1. 内容排版不知道如何处理 2. 网页内容少的情况下，如何让页面设计看起来更丰满			
本阶段补充教学的内容			
1. 优秀网站赏栏目页、内容页——内容排版案例分析			

由A轨项目助理汇报A轨项目进度及规范化执行情况，B轨助教汇报B轨学生项目进度执行情况、规范化运作情况参见表4-44。

表4-44　更新后的《项目计划及进度记录表》

项目名称	责任人	编号	工作任务	开始日期	开始时间	结束日期	结束时间	执行者	部门	当前状况	附件	传达
CBFS公益组织网站建设	黄睿	10	网站栏目页初稿研讨会	22-Dec-09	15:30	22-Dec-09	17:00	项目组全体成员	客户部、互动媒体设计部、B组	已完成	会议纪要及附件	全体与会人员
	王亚琳	10.A	设计修改单	22-Dec-09	17:00	22-Dec-09	18:00	王亚琳	互动媒体设计部	已按时提交	CBFS-WD-0901－设计修改单－03－王亚琳.doc	李梅、王亚琳、王蕾
	杨雪	10.B	设计修改单	22-Dec-09	17:00	22-Dec-09	18:00	唐芸莉	B组	已按时提交	CBFS-WD-0901－设计修改单－03－杨雪.doc	杨雪、王蕾
	何昕	10.B	设计修改单	22-Dec-09	17:00	22-Dec-09	18:00	唐芸莉	B组	已按时提交	CBFS-WD-0901－设计修改单－03－何昕.doc	何昕、王蕾
	王丹	10.B	设计修改单	22-Dec-09	17:00	22-Dec-09	18:00	唐芸莉	B组	已按时提交	CBFS-WD-0901－设计修改单－03－王丹.doc	王丹、王蕾
	孙鹏	10.B	设计修改单	22-Dec-09	17:00	22-Dec-09	18:00	唐芸莉	B组	已按时提交	CBFS-WD-0901－设计修改单－03－孙鹏.doc	孙鹏、王蕾
	马鑫秋	10.B	设计修改单	22-Dec-09	17:00	22-Dec-09	18:00	唐芸莉	B组	已按时提交	CBFS-WD-0901－设计修改单－03－马鑫秋.doc	马鑫秋、王蕾
CBFS公益组织网站建设	王亚琳	11.A	网站栏目页内部修改定稿	23-Dec-09	8:30	23-Dec-09	17:30	王亚琳	互动媒体设计部	已按时提交	网站栏目页设计初稿（JPG效果图）	黄睿、李梅、王蕾
	杨雪	11.B	网站栏目页内部修改定稿	23-Dec-09	8:30	23-Dec-09	17:30	杨雪	B组	已按时提交	网站栏目页设计初稿（JPG效果图）	黄睿、唐芸莉、王蕾
	何昕	11.B	网站栏目页内部修改定稿	23-Dec-09	8:30	23-Dec-09	17:30	何昕	B组	已按时提交	网站栏目页设计初稿（JPG效果图）	黄睿、唐芸莉、王蕾
	王丹	11.B	网站栏目页内部修改定稿	23-Dec-09	8:30	23-Dec-09	17:30	王丹	B组	已按时提交	网站栏目页设计初稿（JPG效果图）	黄睿、唐芸莉、王蕾
	孙鹏	11.B	网站栏目页内部修改定稿	23-Dec-09	8:30	23-Dec-09	17:30	孙鹏	B组	已按时提交	网站栏目页设计初稿（JPG效果图）	黄睿、唐芸莉、王蕾
	马鑫秋	11.B	网站栏目页内部修改定稿	23-Dec-09	8:30	23-Dec-09	17:30	马鑫秋	B组	已按时提交	网站栏目页设计初稿（JPG效果图）	黄睿、唐芸莉、王蕾
CBFS公益组织网站建设	王亚琳	12.A	网站栏目页及内容页完稿设计	24-Dec-09	8:30	25-Dec-09	11:00	王亚琳	互动媒体设计部	已按时提交	网站栏目页及内容页文件包	黄睿、李梅、王蕾
	杨雪	12.B	网站栏目页及内容页完稿设计	24-Dec-09	8:30	25-Dec-09	11:00	杨雪	B组	已按时提交	网站栏目页及内容页文件包	黄睿、唐芸莉、王蕾
	何昕	12.B	网站栏目页及内容页完稿设计	24-Dec-09	8:30	25-Dec-09	11:00	何昕	B组	未提交完稿		黄睿、唐芸莉、王蕾
	王丹	12.B	网站栏目页及内容页完稿设计	24-Dec-09	8:30	25-Dec-09	11:00	王丹	B组	已按时提交	网站栏目页及内容页文件包	黄睿、唐芸莉、王蕾
	孙鹏	12.B	网站栏目页及内容页完稿设计	24-Dec-09	8:30	25-Dec-09	11:00	孙鹏	B组	已按时提交	网站栏目页及内容页文件包	黄睿、唐芸莉、王蕾
	马鑫秋	12.B	网站栏目页及内容页完稿设计	24-Dec-09	8:30	25-Dec-09	11:00	马鑫秋	B组	已按时提交	网站栏目页及内容页文件包	黄睿、唐芸莉、王蕾

自由交流时，就会议中学生展示作品所呈现出的问题的总体意见：

a	本阶段已经到的页面切片前的最后一步，所有的设计细节都要考虑到，包括文字、排版、样式的处理。设计时一定要非常细致。
b	一定要注意，栏目页设计方案确定后，所有栏目页和内容页的样式必须要统一。目前这种意识还普遍不够强。具体的栏目页设计时，表现出一些随意性和随机性处理的现象，此后一定要注意加强这方面的意识。

（4）明确后续工作任务及安排：

No	发言人 Speaker	议题 Topic	事项及纪要 Description & Memo	责任人 Responsible	时间结点 Deadline
7	项目负责人	后续工作任务及安排	A轨专业教师的工作任务及安排		
			根据会议研讨确定的意见，完成栏目页及内容页成品的修改	王设计师	12/27下班前
			完成网站页面制作工作	王设计师	12/30下班前
			B轨学生的工作任务及安排：		
			根据会议研讨确定的意见，完成栏目页及内容页成品的修改	杨同学、马同学、孙同学、王同学	12/27下班前
			完成网站页面制作工作	B轨学生	12/30下班前

4.6.2.3　本环节项目运作和教学结果

（1）项目运作成果。

研讨确定了A轨设计师网站栏目页及内容页的修改意见。设计师填写《设计修改单》并提交项目负责人审核确认，作为后续方案修改的依据。

（2）重点教学成果。

研讨确定了B轨各小组同学网站栏目页及内容页的修改意见，并由B轨指导教师填写各学生小组的《设计修改单》，经A轨主设计师复核确认，作为B轨学生后续方案修改的依据。

① 学习网站栏目页样式确定之后，栏目页及内容页信息发布部分的页面版式、字体、色彩等深化设计的要点及技巧；

② B轨学生们了解了自身网站栏目页和内容页设计方案的优点和不足之处，以及明确的修改意见。

4.6.3　任务14：修改、确定网站栏目页及内容页设计稿

A、B轨指导教师的主要工作任务：

教学设计；B轨教师重点指导学生学习分析《设计修改单》的意见，使学生准确领会修改意见，按时完成修改网站"栏目页"及"内容页"完稿的任务。

B轨学生小组的主要学习任务：

明确学习目的，领会《学习指导书》；在B轨教师的指导下，根据《设计修改单》，准确领会修改意见，能够按时完成网站"栏目页"及"内容页"完稿的修改任务。

4.6.3.1　本环节的教学设计

（1）项目运作的阶段性工作任务。

网站栏目页及内容页设计方案的最终定稿。此步骤完成后，即进入页面制作和生成环节，因此，所有的设计修改均需在此环节完成，以避免后续工作的返工现象。

（2）基于项目运作的教学设计。

本环节教学任务的设计以本阶段的项目运作任务为依托（即《指导教案》中教学任务详述部分此环节的内容）：

① 教学目的：

通过项目实践，训练学生的审核能力、领会能力，以及根据任务需求实时调整的执行能力。

② 教学内容与职业能力目标的对应参见表4-45。

表4-45　教学内容与职业能力目标的对照表

教学内容	职业能力目标
√网页内容的版式设计 √与网站栏目页配色方案相协调的色彩运用 √字体、图标等网页元素设计 √恰当应用html、JavaScript等脚本语言实现网站特效 √恰当设计与后台功能相关的前台页面效果	专业能力： √能够根据传播要素、网站结构规划和风格定位进行主视觉创意构思，配色方案设计和首页版式布局规划，并以此为基准，贯穿运用于整个网站的设计中 √能够进行符合网站设计规范的字体设计与运用 √具备应用html、JavaScript等脚本语言实现网站特效的可行性分析能力 √能够判断需要由后台程序技术支持的前台页面设计表现形式
√上述全部设计内容	方法能力： √能够在工作中，综合与灵活运用专业知识和经验 √能够在工作过程中持续、自主地学习 √能够合理制订工作计划和对进度进行有效管理
√本环节的全部教学内容	社会能力： √能够有效地进行团队合作（沟通、包容、互补、激励） √能够根据需要，合理地组织与协调团队工作 √能够应对工作过程中各种复杂和突发状况 √养成关注结果，竭尽全力达成工作目标的责任感和意志力

③ 需在本环节提交的文件及其规范：项目助理负责更新《项目计划及进度记录表》；相关责任人负责《设计质检表》；A轨设计师负责网站栏目页及内容页定稿方案，提交JPG格式的效果图。

注：以上各点内容来自本环节的《指导教案》。

依照《指导教案》的内容，完成《学习指导书》本环节相应的设计。《学习指导书》的具体内容，详见附录：CBFS公益组织网站建设项目教学《学习指导书》的相应内容。

4.6.3.2　本环节的教学实施

（1）采用的教学方法。

启发和引导性练习，实施细节详见本条目"（3）教学实施过程"的示例。

（2）教学实施步骤计划。

此环节项目教学依照"网站栏目页及内容页完稿研讨会"中确定的B轨学生的工作任务及安排进行，要求B轨学生按时提交各项成果。

No	发言人 Speaker	议题 Topic	事项及纪要 Description & Memo	责任人 Responsible	时间结点 Deadline
7	项目负责人	后续工作任务及安排	B轨学生的工作任务及安排：		
			根据会议研讨确定的意见，完成栏目页及内容页成品的修改	杨同学、孙同学、王同学	12/27下班前
			因何同学无法参加本次点评会议，A轨教师将会后单独点评辅导，帮助其修改确定"栏目页"及"内容页"方案	A轨教师及何同学	12/27下班前

（3）教学实施过程。

① B轨学生修改网站栏目页及内容页。在此过程中，B轨指导教师酌情给予指导，并负责修改方案的审核与质量监控工作。这种指导、审核与质检在B轨内部循环进行，直至最终定稿。

② B轨阶段性工作记录：B轨指导教师在此教学任务中，随时发现问题和解决问题，并记录本阶段学生们普遍存在的问题和疑惑，以及本阶段为学生们补充讲解的知识或专业基础技能。

此阶段的B轨工作记录表详见"任务15：网站页面制作"中相应内容。

③ 项目教学的进度及规范化管理：B轨助教对B轨学生在项目运作过程中的进度及规范化执行情况进行监督，并在本阶段B轨项目运作/教学任务结束时，及时更新《项目计划及进度记录表》，提交A轨项目助理（兼任整个项目运作的"流程员"）。

B轨更新的《项目计划及进度记录表》详见"任务15：网站页面制作"中相应内容。

4.6.3.3 本环节项目运作和教学结果

（1）项目运作成果。

① A轨设计师修改完成的网站页面定稿方案：网站首页，见图4-73；"最新动态"栏目，见图4-74；"寻亲的孩子们"栏目，见图4-75；"寻亲故事"/"成功案例"栏目，见图4-76；"关于我们"/"联系我们"栏目，见图4-77；

② B轨学生修改完成的网站页面定稿方案：网站首页，见图4-78；"最新动态"栏目，见图4-79；"寻亲的孩子们"栏目，见图4-80；"寻亲故事"/"成功案例"栏目，见图4-81；"关于我们"/"联系我们"栏目，见图4-82。

图4-73 A轨设计师网站页面定稿方案

图4-74 A轨设计师网站页面定稿方案"最新动态"栏目

图4-75 A轨设计师网站页面定稿方案"寻亲的孩子们"栏目

图4-76 A轨设计师网站页面定稿方案"寻亲故事"/"成功案例"栏目

图4-77　A轨设计师网站页面定稿方案
"关于我们"/"联系我们"栏目

表4-46　A轨设计师质检表

工作任务	质检人	签字确认	日期	备注
创意设计草案内部修改定稿	策划/文案	董蕾	Dec.12,09	
	主设计师	杨林	Dec.12.09	
	质检员	李梅	Dec.12.09	
网页首页内部修改定稿	主设计师	杨林	Dec.16.09	
	质检员	李梅	Dec.16.09	
网站栏目页内部修改定稿	主设计师	杨林	Dec.23.09	
	质检员	李梅	Dec.23.09	
网站栏目页及内容页方案定稿	主设计师	杨林	Dec.27.09	
	质检员	李梅	Dec.27.09	

（2）重点教学成果。

① B轨学生阶段性作品：每位同学均在此阶段结束设计页面任务，主要完成了整个网站的页面设计定稿工作。现仅举一例完整的方案，向大家展示教学成果。

网站首页参见图4-78。

"最新动态"栏目参见图4-79。

"寻亲的孩子们"栏目参见图4-80。

"寻亲故事"/"成功案例"栏目参见图4-81。

图4-78　B轨学生网站页面定稿方案

图4-79　B轨学生网站页面定稿方案

图4-80　B轨学生网站页面定稿方案

图4-81　B轨学生网站页面定稿方案

"关于我们"/"联系我们"栏目参见图4-82。

图4-82 B轨学生网站页面定稿方案

表4-47 B轨学生质检表

工作任务	质检人	签字确认	日期	备注
创意设计草案 内部修改定稿	策划/文案	黄蕾	Dec.12.09	
	主设计师	孙州杰	Dec.12.09	
	质检员	蒋昌利	Dec.12.09	
网站首页内部 修改定稿	主设计师	孙州杰	Dec.16.09	
	质检员	蒋昌利	Dec.16.09	
网站栏目页内 部修改定稿	主设计师	孙州杰	Dec.23.09	
	质检员	蒋昌利	Dec.23.09	
网站栏目页及 内容页方案定 稿	主设计师	孙州杰	Dec.27.09	
	质检员	蒋昌利	Dec.27.09	

② 其他学习成果：B轨学生通过项目教学，在B轨教师的指导下，学会了根据《设计修改单》，准确领会修改意见，能够按时完成网站"栏目页"及"内容页"完稿的修改任务。

4.7

网站页面制作

4.7.1 任务15：网站页面制作

A、B轨指导教师的主要工作任务：

教学设计：A轨教师示范、指导，B轨教师重点指导学生学会将网页设计效果图切片；并酌情补充讲授相关专业知识和相关应用软件操作技能，使学生能够熟练运用网页制作的应用技巧。

B轨学生小组主要的学习任务：

明确学习目的，领会《学习指导书》；在A、B轨教师的指导下，能够合理将网页设计效果图切片；巩固相关知识，能够熟练运用网页制作的应用技巧。

4.7.1.1　本环节的教学设计

（1）项目运作的阶段性工作任务。

将定稿的网站首页、栏目页及内容页切片，并生成网站页面文件。

（2）基于项目运作的教学设计。

本环节教学任务的设计以本阶段的项目运作任务为依托（即《指导教案》中教学任务详述部分此环节的内容）：

①　教学目的：A、B双轨教师指导学生合理将效果图切片；B轨教师帮助和引导学生，巩固相关知识，并进一步熟练网页制作的应用技巧。

②　教学内容与职业能力目标的对应详见表4-46。

表4-48　教学内容与职业能力目标对照表

教学内容	职业能力目标
√网页切片的结构分析 √网页切片制作 √生成符合行业规范的网站页面 √CSS代码编写	专业能力： √能够完成网页切片的结构分析与切片 √能够熟练运用网页制作软件（Dreamweaver）生成符合行业规范的页面 √具备基本的CSS代码编写能力
√网页切片制作 √生成符合行业规范的网站页面	方法能力： √能够在工作中，综合与灵活运用专业知识和经验 √能够合理制订工作计划和对进度进行有效管理
√本环节的全部内容	社会能力： √能够应对工作过程中各种复杂和突发状况 √养成关注结果，竭尽全力达成工作目标的责任感和意志力

③　需在本环节提交的文件及其规范：项目助理负责更新《项目计划及进度记录表》；相关责任人负责《设计质检表》；生成的网站页面及相关文件包；B轨指导教师负责更新《B轨阶段性工作记录》。

注：以上各点内容来自本环节的《指导教案》。

依照《指导教案》的内容，完成《学习指导书》本环节相应的设计。《学习指导书》的具体内容，详见附录：CBFS公益组织网站建设项目教学《学习指导书》的相应内容。

4.7.1.2　本环节的教学实施

（1）采用的教学方法。

启发和引导性练习。实施细节详见本条目"（3）教学实施过程"的示例。

（2）教学实施步骤计划。

此环节依照"网站栏目页及内容页完稿研讨会"中确定的B轨学生的工作任务及安排进行，B轨学生需要按时提交各项成果。见表4-49。

表4-49 《会议纪要》

No	发言人 Speaker	议题 Topic	事项及纪要 Description & Memo	责任人 Responsible	时间结点 Deadline
7	项目负责人	后续工作任务及安排	B轨学生的工作任务及安排： 完成网站页面制作工作	 B轨学生	 12/30下班前

（3）教学实施过程。

① B轨学生根据确定的网站首页、栏目页和内容页的效果图，完成网站页面制作工作。在此过程中，B轨指导教师给予必要的指导，并负责修改方案的审核与质量监控工作。

② B轨阶段性工作记录：B轨指导教师在此教学任务中，随时发现问题和解决问题，并记录本阶段学生们普遍存在的问题和疑惑，以及本阶段为学生们补充讲解的知识或专业基础技能。

阶段性工作记录			
文件编号：		CBFS-WD-0901-WR-06	
项目名称	CBFS公益组织网站建设	教学阶段	14. 网站栏目页及内容页修改定稿 15. 网站页面制作
开始日期	28/Dec	完成日期	4/Jan
教学班级	CBFS组	指导学生	杨同学、何同学、王同学、马同学、孙同学
指导教师	唐老师	更新日期	4/Jan
本阶段学生普遍存在的问题：			
1. 网站切片和建站前分析的经验不足； 2. 网站制作软件操作不熟练； 3. 网站建站不熟练； 4. 对CSS样式还不完全清楚； 5. 网络通用字体问题			
本阶段学生普遍提出的问题：			
1. 网站如何规范化切片； 2. 针对完成的设计页面如何进行建站前分析； 3. CSS样式怎么用			
本阶段补充教学的内容：			
补充网页制作案例教学			

③ 项目教学的进度及规范化管理：B轨助教对B轨学生在项目运作过程中的进度及规范化执行情况进行监督，并在本阶段B轨项目运作/教学任务结束时，及时更新《项目计划及进度记录表》，提交A轨项目助理（兼任整个项目运作的"流程员"）。见表4-50更新的《项目计划及进度记录表》。

表4-50　更新后的《项目计划及进度记录表》

项目名称	责任人	编号	工作任务	开始日期	开始时间	结束日期	结束时间	执行者	部门	当前状况	附件	传达
CBFS公益组织网站建设	王亚琳	14.A	网站栏目页及内容页修改定稿	26-Dec-09	8:30	27-Dec-09	17:30	王亚琳	互动媒体设计部	已按时提交	网站栏目页及内容页修改定稿文件包	黄睿、李梅、王蕾
	杨雪	14.B	网站栏目页及内容页修改定稿	26-Dec-09	8:30	27-Dec-09	17:30	杨雪	B组	已按时提交	网站栏目页及内容页修改定稿文件包	黄睿、唐芸莉、王蕾
	何昕	14.B	网站栏目页及内容页修改定稿	26-Dec-09	8:30	27-Dec-09	17:30	何昕	B组	已按时提交	网站栏目页及内容页修改定稿文件包	黄睿、唐芸莉、王蕾
	王丹	14.B	网站栏目页及内容页修改定稿	26-Dec-09	8:30	27-Dec-09	17:30	王丹	B组	已按时提交	网站栏目页及内容页修改定稿文件包	黄睿、唐芸莉、王蕾
	孙鹏	14.B	网站栏目页及内容页修改定稿	26-Dec-09	8:30	27-Dec-09	17:30	孙鹏	B组	已按时提交	网站栏目页及内容页修改定稿文件包	黄睿、唐芸莉、王蕾
	马鑫秋	14.B	网站栏目页及内容页修改定稿	26-Dec-09	8:30	27-Dec-09	17:30	马鑫秋	B组	已按时提交	网站栏目页及内容页修改定稿文件包	黄睿、唐芸莉、王蕾
CBFS公益组织网站建设	王亚琳	15.A	网站页面制作	28-Dec-09	8:30	30-Dec-09	17:30	王亚琳	互动媒体设计部	已按时提交	生成的网站页面文件包	黄睿、李梅、王蕾
	杨雪	15.B	网站页面制作	28-Dec-09	8:30	30-Dec-09	17:30	杨雪	B组	已按时提交	生成的网站页面文件包	黄睿、唐芸莉、王蕾
	何昕	15.B	网站页面制作	28-Dec-09	8:30	30-Dec-09	17:30	何昕	B组	已按时提交	生成的网站页面文件包	黄睿、唐芸莉、王蕾
	王丹	15.B	网站页面制作	28-Dec-09	8:30	30-Dec-09	17:30	王丹	B组	已按时提交	生成的网站页面文件包	黄睿、唐芸莉、王蕾
	孙鹏	15.B	网站页面制作	28-Dec-09	8:30	30-Dec-09	17:30	孙鹏	B组	已按时提交	生成的网站页面文件包	黄睿、唐芸莉、王蕾
	马鑫秋	15.B	网站页面制作	28-Dec-09	8:30	30-Dec-09	17:30	马鑫秋	B组	已按时提交	生成的网站页面文件包	黄睿、唐芸莉、王蕾

4.7.1.3　本环节项目运作和教学结果

（1）项目运作成果。

A轨设计师完成了网站的全部页面制作。生成的html文件转交给网站后台程序人员，即可开始后台的相关工作。

（2）重点教学成果。

① B轨学生阶段性作品详见表4-52 B轨学生质检表。

"页面制作–何昕"文件包；"页面制作–孙鹏"文件包；"页面制作–杨雪"文件包；"页面制作–王丹"文件包；"页面制作–马鑫秋"文件包。

② 其他学习成果：通过项目教学实践训练，学生掌握了网页设计效果图切片等网页制作的实用技巧。

表4-51　A轨设计师质检表

设计质检表

客户名称：China Birth Family Search　　项目名称：CBFS 公益组织网站建设

项目编号：CBFS-WD-0901　　完成日期：2009 年 12 月 28 日

项目概述：

　　本项目为美国 CBFS 公益组织面向中国人的网站，旨在被领养中国孩子的信息可以在此发布，使更多中国人能够了解，并在可能的情况下帮助这些家庭为孩子寻找中国亲生父母。

工作任务	质检人	签字确认	日期	备注
创意设计草案内部修改定稿	策划/文案	黄睿	Dec 12,09	
	主设计师		Dec.12.09	
	质检员	李梅	Dec.12.09	
网站首页内部修改定稿	主设计师		Dec.16.09	
	质检员	李梅	Dec.16.09	
网站栏目页内部修改定稿	主设计师		Dec.23.09	
	质检员	李梅	Dec.23.09	
网站栏目页及内容页方案定稿	主设计师		Dec.27.09	
	质检员	李梅	Dec.27.09	
网站页面制作	主设计师		Dec.30.09	
	质检员	李梅	Dec.30.09	

表4-52 B轨学生质检表

设计质检表

客户名称: China Birth Family Search   项目名称: CBFS 公益组织网站建设
项目编号: CBFS-WD-0901   完成日期: 2009 年 12 月 28 日

项目概述:

　　本项目为美国 CBFS 公益组织面向中国人的网站，旨在被领养中国孩子的信息可以在此发布，使更多中国人能够了解，并在可能的情况下帮助这些家庭为孩子寻找中国亲生父母。

工作任务	质检人	签字确认	日期	备注
创意设计草案内部修改定稿	策划/文案	黄蓉	Dec. 12.09	
	主设计师	杨雪	Dec. 12.09	
	质检员	程思利	Dec. 12.09	
网站首页内部修改定稿	主设计师	杨雪	Dec. 16.09	
	质检员	程思利	Dec. 16.09	
网站栏目页内部修改定稿	主设计师	杨雪	Dec. 23.09	
	质检员	程思利	Dec. 23.07	
网站栏目页及内容页方案定稿	主设计师	杨雪	Dec. 27.09	
	质检员	程思利	Dec. 27.09	
网站页面制作	主设计师	杨雪	Dec. 30.09	
	质检员	程思利	Dec. 30.09	

设计质检表

客户名称: China Birth Family Search   项目名称: CBFS 公益组织网站建设
项目编号: CBFS-WD-0901   完成日期: 2009 年 12 月 28 日

项目概述:

　　本项目为美国 CBFS 公益组织面向中国人的网站，旨在被领养中国孩子的信息可以在此发布，使更多中国人能够了解，并在可能的情况下帮助这些家庭为孩子寻找中国亲生父母。

工作任务	质检人	签字确认	日期	备注
创意设计草案内部修改定稿	策划/文案	黄蓉	Dec. 12.09	
	主设计师	孙晓鹏	Dec. 12.09	
	质检员	程思利	Dec. 12.09	
网站首页内部修改定稿	主设计师	孙晓鹏	Dec. 16.09	
	质检员	程思利	Dec. 16.09	
网站栏目页内部修改定稿	主设计师	孙晓鹏	Dec. 23.09	
	质检员	程思利	Dec. 23.09	
网站栏目页及内容页方案定稿	主设计师	孙晓鹏	Dec. 27.09	
	质检员	程思利	Dec. 27.09	
网站页面制作	主设计师	孙晓鹏	Dec. 30.09	
	质检员	程思利	Dec. 30.09	

第5章 实战解析三：总结评估

5.1

项目总结

5.1.1　任务16：撰写项目总结报告及填写评估表

A、B轨指导教师的主要工作任务：

　　A、B双轨教师共同指导学生总结与评估；B轨教师重点指导学生学写《项目总结报告》。

　　A、B双轨教师从各自角度对项目教学作全面综合的总结，为下次的项目教学积累经验，吸取教训。

B轨学生组及个人主要的学习任务：

　　对"项目教学"的总结与评估，通过亲身体验、感受企业的项目总结与评估运作模式，强化学生"项目总结"和"项目评估"意识，学会撰写《项目总结报告》。

5.1.1.1　本环节的教学设计

（1）项目运作的阶段性工作任务。

　在企业中，项目负责人及其他项目团队成员，将依据公司相应的项目总结与评估规范的要求，或同时根据客户的要求，拟定相应的总结报告、填写评估表。

（2）基于项目运作的教学设计。

　　实际上，"项目教学"总结、评估与企业项目运作不会完全一样，"项目教学"更加侧重于总结的成果与过程中的得失，存在的问题等，它将提升与完善下次的"项目教学"，包括教学设计、教学组织管理、教学方法等有效运作，积累有价值的一手资料。因此，此环节的《指导教案》内容如下：

① 教学目的：A、B双轨教师共同带领学生对项目实训课程进行多方面的总结，为学生今后的学习、实习或工作，打下坚实的基础。

② 教学内容：学习撰写"项目教学总结报告（学生版）"；学习"教师评估表"的实施与操作。

③ 在本环节教学前需要准备的文件：《项目教学总结报告模板及撰写规范（学生版）》；《项目教学总结报告模板及撰写规范（教师版）》；《教师评估表模板》；《学生课业评估表模板》。

④ 需在本环节提交的文件及其规范：项目助理负责更新《项目计划及进度记录表》；A、B双轨教师应按照《项目教学总结报告模板及填写规范（教师版）》的要求，提交《项目教学总结报告（教师版）》；A、B双轨教师应按照"填写规范"提交《教师评估表》；学生按照"填写规范"提交《学生课业评估表》。

注：以上各点内容来自本环节的《指导教案》。

依照《指导教案》的内容，完成《学习指导书》本环节相应的设计。《学习指导书》的具体内容，详见附录：CBFS公益组织网站建设项目教学《学习指导书》的相应内容。

5.1.1.2　本环节的教学实施

参与项目教学的全体成员（包括A、B双轨教师和助理或流程员、助教、学生等）均需按要求提交《项目总结报告》及《评估表》。具体要求如下：

（1）撰写项目总结报告。

① 教师、学生需按照模板规定撰写项目教学或学习总结；

② 教师个人总结应结合各自专业职责和教学中承担的任务，各有侧重：

◆ 项目负责人、项目助理侧重项目教学整体设计、实施及成果（学生职业能力是否得到整体的提升）；

◆ 主设计师、设计师侧重自身专业示范和教学指导效果（学生专业能力是否得到提升）；

◆ 流程员侧重学生在学习过程中遵守和掌握流程和规范的情况；

◆ B轨教师侧重项目教学过程中，在指导和管理上发挥作用的效果，以及学生实训中的表现和相关职业能力是否得到提升；

◆ 学生总结要结合每个阶段本组提交的方案和任务，侧重自己在学习或"工作"过程中的收获和教训，针对此次"双轨交互并行"项目教学模式发挥的作用，以自身职业能力是否有所提升做出评估。

所有总结都应包括对该项目教学课程总体设计的评价和相关建议。

（2）填写项目评估表。

① 教师、学生都需按照模板规定填写相应的评估表；

② "项目教学"的评估按对象不同分为以下三种：

◆ 评估B轨学生：由"双轨交互"和"双轨并行"教学环节中曾经接触过学生的所有教师，分别对每位学生（或每组学生）评估。A轨流程员可以不用评估。综合评估结果由参与的各方加权重比例计算而成；

◆ 评估A、B轨指导教师及助教：由项目负责人、学生、专家督导共同评估，综合评估结果由参与各方加权重比例计算而成；

◆ 评估项目负责人：由学院领导、A、B轨指导教师、专家督导、学生共同评估，综合评估结果由参与各方加权重平均计算而成。

（3）总结报告的提交与汇总。

① 项目助理总结交与项目负责人汇总；

② 设计师和助理的个人总结交与美术指导或主设计师汇总，并交项目负责人；

③ B轨助教个人总结交与B轨指导教师汇总，并交项目负责人；

④ 学生总结交与各组长汇总，并交B轨指导教师和项目负责人。

5.1.1.3　本环节结果

项目教学全体相关成员均需按时提交项目总结报告及评估表。

5.1.2　任务17：项目总结与研讨

A、B轨指导教师的主要工作任务：

　　教学设计；组织相关会议；A轨专业教师的项目总结示范，B轨教师项目教学总结，并指导学生学习总结。A、B双轨教师对学生作品的总评。

　　引导性研讨交流。

B轨学生主要的学习任务：

　　参加"总结研讨会"，深入和直接理解"项目运作"；全面了解自己在项目学习过程中的进步成长及不足。掌握逻辑思维方法，能够解析自己作品，学会语言表达技巧。

5.1.2.1　本环节的教学设计

（1）项目运作的阶段性工作任务。

实际上，在企业结束一个项目之后一般均召开"项目总结研讨会"，主要是为了回顾项目运作过程中的得失，总结经验教训，以不断提升团队的专业度和运作水准。

（2）基于项目运作的教学设计。

召开"项目教学总结研讨会"，侧重于对教学效果的总结与分析，成果展示交流，以及听取各方意见与反馈，为改进与完善"项目教学"提供有价值的一手资料。

相关《指导教案》内容如下：

① 教学目的：通过总结研讨会上A轨专业教师的项目总结示范，使学生对项目总体有更加深入和直接的理解；

通过总结研讨会A、B双轨教师对学生作品的总评，使学生全面理解自己在此项目学习过程中的进步成长及不足。

② 教学内容：项目总结与研讨；作品评析。

③ 在本环节教学前需要准备的文件：项目助理负责会议议程；学生组长负责学生完整的作品；美术指导或主设计师负责教师完成的作品；学生组长负责汇总各组综合总结报告；B轨指导教师负责汇总

B轨教师的综合总结报告；A轨美术指导或主设计师负责汇总自己的综合总结报告；项目负责人负责项目教学总结报告。

④ 需在本环节提交的文件及其规范：项目负责人（教学组长或教研室主任）项目教学总结；项目助理负责《会议纪要》。

注：以上各点内容来自本环节的《指导教案》。

依照《指导教案》的内容，完成《学习指导书》本环节相应的设计。《学习指导书》的具体内容，详见附录：CBFS公益组织网站建设项目教学《学习指导书》的相应内容。

5.1.2.2 本环节的教学实施

（1）采用的教学方式。

① 点评与分析；

② 师生互动交流。实施细节详见本条目"（3）教学实施过程"的示例。

（2）教学实施步骤计划。

以本环节的《会议议程》为准，逐步开展项目教学，参见表5-1。

表5-1 《总结研讨会会议议程》

开始时间	议题	主讲人	参与人	目的
14：30	介绍本次会议的议程 需准备文件： 会议议程	项目负责人	全体成员	了解本会议的总体状况
14：35	讲解本次会议的作用	项目负责人	全体成员	了解本次会议在项目教学中的作用
14：40	1. 学生总结、作品展示及教学总评 2. 学生组长做本组的总结发言 3. 展示本组同学的作品终稿 A轨教师及B轨指导教师针对成品做总体点评，分析学生专业能力的提升，及尚存问题。 需准备文件： √ "CBFS美国公益组织网站"页面终稿	各学生组长 A、B轨教师	全体成员	1. 回顾学生项目成果 2. 了解学生的总结意见
15：15	B轨指导教师总结 需准备文件： √B组指导教师汇总的综合总结报告	唐老师	全体成员	了解B轨指导教师的总结意见
15：30	1. A轨专业教师总结 展示作品终稿，并对作品做总结分析 2. A轨教师代表总结发言 需准备文件： √ "CBFS美国公益组织网站"页面终稿	王设计师 李设计师	全体成员	1. 通过对项目终稿的总结分析，使学生进一步理解项目相关专业要点 2. 了解A轨专业教师的总结意见

续表

开始时间	议题	主讲人	参与人	目的
16：00	项目负责人总结发言	项目负责人	全体成员	了解项目教学的总结意见
16：15	师生自由交流 项目负责人主持，全体自由发言。发言内容可包括： 1. 各类总结的补充 2. 师生课程相关问题问答 3. 相关焦点问题研讨	全体成员	全体成员	全体师生自由交流
16：40	会议结束			

（3）教学实施过程。

① 会议概述详见表5-2。

表5-2 《总结研讨会会议纪要》

No.	发言人 Speaker	议题 Topic	事项及纪要 Description & Memo	责任人 Responsible
1	项目负责人	会议议程简介	详见本会议议程"项目总结研讨会"	全体与会人员
2	项目负责人	讲解"项目总结研讨会"的作用	"项目总结研讨会"的作用： 1. 对教学成果得失的总结与分析，以及听取参与各方的意见与反馈，为改进与完善"项目教学"提供有价值的一手资讯 2. 通过专业教师的总体讲解，使学生进一步深化对项目的总体理解 3. 通过教师对学生作品的总评，使学生全面理解自己在此项目学习过程中的提升进步及不足之处	全体与会人员

② B轨学生组长代表总结发言，总评学生学习情况并展示作品，同学们在此次项目教学中的收获有以下方面：

a 此次项目教学，让大家熟悉了网站设计制作的流程，步骤非常清晰；
b 开始的时候，组内没有团队精神，现在团队合作的能力增强了；
c 学习的态度比过去积极了，能够按公司规范严格要求自己；
d 希望这种项目教学能够继续做下去；
e 从头到尾靠自己的想法做，比之前按老师要求，一步一步地做有明显的成效，做出来的是体现自己想法的东西。

以下仅举一位学生的实例，说明本环节的点评实施状况。孙同学对自己学习和作品的总结：

a 开始想做出报纸的版式，但是后来发现，做成那样就没有网站的特点了，所以改成现在的页面版式布局；

b 我认为，这个网站最主要应该突出"寻亲的孩子们"，所以，在首页以报纸上"头版图片新闻"的形式，把这个版块突显出来；

c 我觉得自己的网站亮点是，四周辅助性的装饰营造出了报纸的感觉，强化了这些孩子们"寻亲"的意思。

A、B轨教师综合评价意见

a 这个网站设计方案的创意很不错，紧扣客户想要传递的核心信息，从中提炼出了一个"寻"字；

b 网页中选用的红色非常巧妙，能一举数得，既与Logo的颜色相呼应，又有血脉相连的意向，而且红色也代表中国，进一步强化了这个特殊人群的定位；

c 网站首页的版式处理得还算好，能让人看出"报纸"的意思；

d 缺点是，网页的细节处理还不够，一部分原因是技术还不很熟练，限制了设计的表现，比如报纸的边角处理，就显得有些生硬；而另一部分原因是不够细致，比如页面的底部处理，就显得有些仓促，没有交代。

以后还要通过更多的实战项目，提升自己的综合能力。

③ B轨指导教师总结：

唐老师

a 本次项目教学的流程顺畅、完整，设计很合理，引导学生完成整个项目，使学生逐渐成熟；

b 采用真实项目，按照公司流程展开，可以弥补传统教学中的不足，为学生提供一个展现自己的舞台，真正做到以学生为中心；

c 此次的不足之处是，07级的学生由于没有完整经历从案例教学、仿真项目教学到真实项目教学的过程，所以开始跟着项目走有些吃力。

④ A轨专业教师总结：

李设计师

a 此次项目教学中可以看出来，学生们的自觉与自学能力都有很好地表现，虽然起步的基础与"真实项目教学"预设的"挡修条件"有一些距离，但同学们都非常努力地在过程中补足所缺的知识和能力，才使得最终成果得以呈现；

b 你们组的同学在网站的创意方面表现很突出，只是在设计实现上还需要多练习和研究；

c 同学们的团队合作表现得很好，能够在互相切磋中共同进步；

d 有的学生还不能完全以"准员工"的心态去对待这次项目实训，还出现一些阶段性工作任务迟交的现象，今后一定要注意避免，因为在公司中，如果你承担的工作没有按期完成，就必然要承担责任，因为你的拖延很可能会给公司造成损失。这种工作意识今后一定要继续加强。

⑤ 项目负责人总结：

黄女士：
a 经过了此前真实项目教学的经验积累、教训总结和教学方法、教学文件与工具的研发，此次项目教学已经应用了非常系统的教学流程、教学方法和标准的文件表单、模板，实践证明，效果还是很突出的，可以说是教改各项成果的结晶与体现； b 虽然同学们没能按照课程体系的步骤，从以培养专业能力为主的"案例教学"，到学习时间较充裕和深入的"仿真项目教学"，再到真枪实战的"真实项目教学"，而直接进入"真实项目教学"的学习，在项目刚开始的阶段比较吃力，但从最终结果来看，每个人都在自己过去的基础上，有了非常明显的提升。这对你们个人来说是非常宝贵的。而且，你们马上就要去找工作了，经历了这样一套完整的项目实训，相信你们在应聘时，比过去更能自信地面对"考官"对于你们"实际工作经验"的考查。 　　预祝各位同学都能够顺利走上专业对口的工作岗位。

⑥ 师生自由交流：

其他同学的补充发言：
a "双轨交互并行"教学让我们真实感受到作为公司员工，参与公司的真实项目的感觉，在其中发现了自身的不足； b 软件应用更加熟练，因为在实践中体会到它实际的功能，现在体会到之前只是学软件，没有真正地运用软件； c 培养团队精神，集思广益； d 在这个过程中不断发掘自己的潜力，做出了自己意想不到的作品。

5.1.2.3　本环节结果

完成了本次项目教学的总结研讨会，展示项目教学过程实景照片参见图5-1～图5-4。

图5-1　A轨教师指导学生

图5-2　B轨教师指导学生

图5-3　A、B轨共同研讨

图5-4　学生课前指纹签入考勤

项目评估

5.2.1 学生评估

学生评估由A轨专业教师与B轨指导教师/助教共同完成，A、B轨各组的成绩以加权平均的方式折算。下面向大家展示的实例，是某学生参与此项目后，A、B轨教师为其评估填写的《学生课业评估表》得分，以及经过全体A、B轨教师评估后，加权平均的最终分值明细表。借此，可使读者对此环节教学设计的《学生课业评估表》及其使用办法有更直观地了解。

某A轨教师对某学生的评估表：

项目名称	CBFS公益组织网站建设		项目编号	CBFS-WD-0901	
学生姓名	XXX		班级	CBFS组	
评估人	YYY	类别	A轨教师	评估日期	1/10
要素类别	KPI	满分分值	5分制评估分值	分值系数	加权分值
专业能力	提交的方案与项目简报中所列的各项传播要素的对应度	10	3	0.7	4.2
	提交的方案所表现的创意构思和表现能力	10	4		5.6
	完稿时，表现出的软件和其他制作、实现能力的水准	20	3		8.4
	根据课程大纲，对以往应该掌握的专业知识的综合运用能力（也是对学生以往学业完成品质的评估）	10	4		5.6
方法能力	设计素材和资料的搜集、管理能力	5	3	0.3	0.9
	工作的计划性、条理性以及执行中对时间和进度的调控能力	5	3		0.9
	学习、分析和理解能力：方案的撰写、阐述和其他研讨互动中表现的思辨能力，和对外部的指导或引导意见（包括教师、参考资料和其他来源）的理解和接受的程度，以及改进速度	5	4		1.2
	对提交的方案以及实训过程中，表现出的对流程、规范的熟悉和掌握程度	5	4		1.2

续表

项目名称	CBFS公益组织网站建设			项目编号	CBFS-WD-0901
学生姓名	XXX			班级	CBFS组
评估人	YYY		类别	A轨教师	评估日期	1/10
要素类别	KPI	满分分值	5分制评估分值	分值系数	加权分值
社会能力	团队合作能力：对课程实训中相关合作的积极主动性以及头脑风暴会中的表现	5	4	0.5	2
	工作的严谨、认真程度（是否严格按要求保质按时提交方案，实训过程中是否能自觉遵守纪律、规范）	5	3		1.5
	提交的方案、总结和其他文字表述中，反映出的对中文文字表达能力和对专业英文的辨识能力	5	3		1.5
	语言表达能力：方案阐述和互动研讨（包括头脑风暴）时的口头表达能力	5	4		2
	出勤情况	5	4		2
学习总结	项目总结的规范性和参考价值	5	4	0.5	2
总分		100	50		39

某B轨教师对某学生的评估表：

项目名称	CBFS公益组织网站建设			项目编号	CBFS-WD-0901
学生姓名	XXX			班级	CBFS组
评估人	ZZZ		类别	B轨教师	评估日期	1.7
要素类别	KPI	满分分值	5分制评估分值	分值系数	加权分值
专业能力	提交的方案与项目简报中所列的各项传播要素的对应度	10	5	0.3	3
	提交的方案所表现的创意构思和表现能力	10	4		2.4
	完稿时，表现出的软件和其他制作、实现能力的水准	20	4		4.8
	根据课程大纲，对以往应该掌握的专业知识的综合运用能力（也是对学生以往学业完成品质的评估）	10	5		3.0
方法能力	设计素材和资料的搜集、管理能力	5	5	0.7	3.5
	工作的计划性、条理性以及执行中对时间和进度的调控能力	5	4		2.8
	学习、分析和理解能力：方案的撰写、阐述和其他研讨互动中表现的思辨能力，和对外部的指导或引导意见（包括教师、参考资料和其他来源）的理解和接受的程度，以及改进速度	5	4		2.8
	对提交的方案以及实训过程中，表现出的对流程、规范的熟悉和掌握程度	5	5		3.5

项目名称	CBFS公益组织网站建设		项目编号		CBFS-WD-0901
学生姓名	XXX		班级		CBFS组
评估人	ZZZ	类别	B轨教师	评估日期	1.7
要素类别	KPI	满分分值	5分制评估分值	分值系数	加权分值
社会能力	团队合作能力：对课程实训中相关合作的积极主动性以及头脑风暴会中的表现	5	5	0.5	2.5
	工作的严谨、认真程度（是否严格按要求保质按时提交方案，实训过程中是否能自觉遵守纪律、规范）	5	5		2.5
	提交的方案、总结和其他文字表述中，反映出的对中文文字表达能力，和对专业英文的辨识能力	5	4		2.0
	语言表达能力：方案阐述和互动研讨（包括头脑风暴）时的口头表达能力	5	4		2.0
	出勤情况	5	5		2.5
学习总结	项目总结的规范性和参考价值	5	4	0.5	2.0
总分		100	63		39.3

加权平均后，该学生的课业评估成绩：

项目名称	CBFS公益组织网站建设		学生姓名		XXX
要素类别	KPI	满分分值	A组分值	B组分值	各项分值
专业能力	提交的方案与项目简报中所列的各项传播要素的对应度	10	5.6	3.0	8.6
	提交的方案所表现的创意构思和表现能力	10	4.9	2.4	7.3
	完稿时，表现出的软件和其他制作、实现能力的水准	20	9.1	4.8	13.9
	根据课程大纲，对以往应该掌握的专业知识的综合运用能力（也是对学生以往学业完成品质的评估）	10	5.3	3.0	8.3
方法能力	设计素材和资料的搜集、管理能力	5	1.2	3.5	4.7
	工作的计划性、条理性以及执行中对时间和进度的调控能力	5	1.1	2.8	3.9
	学习、分析和理解能力：方案的撰写、阐述和其他研讨互动中表现的思辨能力，和对外部的指导或引导意见（包括教师、参考资料和其他来源）的理解和接受的程度，以及改进速度	5	1.3	2.8	4.1
	对提交的方案以及实训过程中，表现出的对流程、规范的熟悉和掌握程度	5	1.2	3.5	4.7

续表

项目名称		CBFS公益组织网站建设	学生姓名		XXX
要素类别		KPI	满分分值	A组分值	B组分值	各项分值
社会能力		团队合作能力：对课程实训中相关合作的积极主动性，以及头脑风暴会中的表现	5	1.8	2.5	4.3
		工作的严谨、认真程度（是否严格按要求保质按时提交方案，实训过程中是否能自觉遵守纪律、规范）	5	1.8	2.5	4.3
		提交的方案、总结和其他文字表述中，反映出的对中文文字表达能力，和对专业英文的辨识能力	5	1.8	2.0	3.8
		语言表达能力：方案阐述和互动研讨（包括头脑风暴）时的口头表达能力	5	1.9	2.0	3.9
		出勤情况	5	1.8	2.5	4.3
学习总结		项目总结的规范性和参考价值	5	2.3	2.0	4.3
总分			100	最终得分		80.0

5.2.2 教师评估

　　教师评估由项目负责人、其他教师、学生及专家督导共同完成，所有参与各方评估的成绩以加权平均的方式折算。下面向大家展示的实例，是某教师参与此项目后，各评估方分别填写的《教师评估表》的得分以及经过加权平均后的最终分值明细表。借此，可使大家对我们设计的教师评估表及其使用办法有更直观地了解。

　　项目负责人对某A轨教师的评估结果：

项目名称		CBFS公益组织网站建设		项目编号		CBFS-WD-0901
教师姓名		XXX		教学班级		CBFS组
评估人		XXX	类别	项目负责人	评估日期	1/7
要素类别		KPI	满分分值	5分制评估分值	分值系数	加权分值
职业素养		出勤情况（根据请假和迟到早退数据设定标准）	5	5		1.50
		工作态度：对工作结果的关注度以及必要时加班加点的自觉性和团队协作的主动性	5	5		1.50
		对"项目运作流程和教学流程"及各项规范的熟悉程度	5	4	0.3	1.20
专业工作水准		工作的计划性、条理性及执行过程中对时间、进度的掌控程度	10	4		2.40
		与职责对应的专业能力的胜任和精通程度	15	5		4.50

项目名称	CBFS公益组织网站建设			项目编号		CBFS-WD-0901
教师姓名	XXX			教学班级		CBFS组
评估人	XXX		类别	项目负责人	评估日期	1/7
要素类别	KPI	满分分值		5分制评估分值	分值系数	加权分值
教学工作水准	教学设计及准备的到位和完备度	15		5	0.3	4.50
	在专业示范和对学生作品点评时的清晰度和对应的准确度	20		4		4.80
	讲解和互动的清晰度、启发性	15		4		3.60
	课程总结的规范性和参考价值	10		4		2.40
总分		40				26.40

其他教师对某A轨教师的评估结果汇总：

项目名称	CBFS公益组织网站建设			项目编号		CBFS-WD-0901
教师姓名	XXX			教学班级		CBFS组
评估人	其他教师汇总		类别	其他教师	评估日期	1/7
要素类别	KPI	满分分值		5分制评估分值	分值系数	加权分值
职业素养	出勤情况（根据请假和迟到早退数据设定标准）	5		5	0.3	1.40
	工作态度：对工作结果的关注度以及必要时加班加点的自觉性和团队协作的主动性	5		5		1.40
	对"项目运作流程和教学流程"及各项规范的熟悉程度	5		4		1.30
专业工作水准	工作的计划性、条理性及执行过程中对时间进度的掌控程度	10		5		2.60
	与职责对应的专业能力的胜任和精通程度	15		5		4.20
教学工作水准	教学设计及准备的到位和完备度	15		5		4.20
	在专业示范和对学生作品点评时的清晰度和对应的准确度	20		5		4.80
	讲解和互动的清晰度、启发性	15		4		3.60
	课程总结的规范性和参考价值	10		4		2.40
总分		42				25.90

专家督导对某A轨教师的评估结果：

项目名称	CBFS公益组织网站建设		项目编号		CBFS-WD-0901
教师姓名	XXX		教学班级		CBFS组
评估人	ZZZ	类别	专家督导	评估日期	1/8/2010
要素类别	KPI	满分分值	5分制评估分值	分值系数	加权分值
职业素养	出勤情况（根据请假和迟到早退数据设定标准）	5	5		1.00
	工作态度：对工作结果的关注度以及必要时加班加点的自觉性和团队协作的主动性	5	4		0.80
	对"项目运作流程和教学流程"及各项规范的熟悉程度	5	4		0.80
专业工作水准	工作的计划性、条理性及执行过程中对时间、进度的掌控程度	10	4	0.2	1.60
	与职责对应的专业能力的胜任和精通程度	15	4		2.40
教学工作水准	教学设计及准备的到位和完备度	15	5		3.00
	在专业示范和对学生作品点评时的清晰度和对应的准确度	20	4		3.20
	讲解和互动的清晰度、启发性	15	4		2.40
	课程总结的规范性和参考价值	10	5		2.00
总分			39		17.20

学生对某A轨教师的评估结果汇总：

项目名称	CBFS公益组织网站建设		项目编号		CBFS-WD-0901
教师姓名	XXX		教学班级		CBFS组
评估人	学生汇总	类别	学生	评估日期	1/7
要素类别	KPI	满分分值	5分制评估分值	分值系数	加权分值
职业素养	出勤情况（根据请假和迟到早退数据设定标准）	5	5		1.00
	工作态度：对工作结果的关注度以及必要时加班加点的自觉性和团队协作的主动性	5	5		1.00
	对"项目运作流程和教学流程"及各项规范的熟悉程度	5	5	0.2	0.96
专业工作水准	工作的计划性、条理性及执行过程中对时间进度的掌控程度	10	5		2.00
	与职责对应的专业能力的胜任和精通程度	15	5		3.00

项目名称	CBFS公益组织网站建设		项目编号		CBFS-WD-0901
教师姓名	XXX		教学班级		CBFS组
评估人	学生汇总	类别	学生	评估日期	1/7
要素类别	KPI	满分分值	5分制评估分值	分值系数	加权分值
教学工作水准	教学设计及准备的到位和完备度	15	5		3.00
	在专业示范和对学生作品点评时的清晰度和对应的准确度	20	4	0.2	3.52
	讲解和互动的清晰度、启发性	15	5		2.76
	课程总结的规范性和参考价值	10	5		2.00
总分			44		19.24

加权平均后，该教师的评估结果：

项目名称	CBFS公益组织网站建设			教师姓名			XXX
要素类别	KPI	满分分值	项目负责人	其他教师	专家督导	学生	各项分值
职业素养	出勤情况（根据请假和迟到早退数据设定标准）	5	1.50	1.40	1.00	1.00	4.90
	工作态度：对工作结果的关注度以及必要时加班加点的自觉性和团队协作的主动性	5	1.50	1.40	0.80	1.00	4.70
	对"项目运作流程和教学流程"及各项规范的熟悉程度	5	1.20	1.30	0.80	0.96	4.26
专业工作水准	工作的计划性、条理性及执行过程中对时间、进度的掌控程度	10	2.40	2.60	1.60	2.00	8.60
	与职责对应的专业能力的胜任和精通程度	15	4.50	4.20	2.40	3.00	14.10
教学工作水准	教学设计及准备的到位和完备度	15	4.50	4.20	3.00	3.00	14.70
	在专业示范和对学生作品点评时的清晰度和对应的准确度	20	4.80	4.80	3.20	3.52	16.32
	讲解和互动的清晰度、启发性	15	3.60	3.60	2.40	2.76	12.36
	课程总结的规范性和参考价值	10	2.40	2.40	2.00	2.00	8.80
总分		100	最终得分				88.74

附录 1
"×××网站建设"项目教学指导教案

一、课程定位

本课程是互动媒体设计与制作专业方向课程体系中第5学期——真实项目教学阶段，"互动媒体设计项目实践"中的第三个学习环节。

在此前的教学中，学生已经通过仿真项目教学阶段中的仿真项目练习，初步理解了项目运作的规范及流程，具备了一定的互动媒体设计制作的专业能力（包括网站页面设计制作、多媒体光盘产品界面设计及基础动画设计制作所需的专业能力），并掌握了基本的工作所需方法能力和社会能力。

通过之前模拟仿真"企业交互网站设计项目"的练习，学生已经有过仿真或真实项目运作的经历，完成了相当中低难度级别的网站设计项目相关的工作任务。

本课程的任务和目的则是通过一个中等难度的真实项目，使学生在更为强化的工作状态和过程中，进一步熟悉网站设计与制作的项目运作流程、提升专业能力、锻炼方法能力和社会能力，为其后的顶岗实习，乃至进入工作岗位奠定了基础。

二、教学项目

（1）项目来源：

校企合作的企业带来的项目。

（2）项目确定的原因：

① 真实项目的时间进度灵活性大，比较容易配合教学；

② 合作企业能够严格规范地执行项目教学。

（3）项目类别：公益组织网站。

（4）项目传播要素：

① 品牌定位：由为领养家庭提供此类服务的非营利性组织发起，专门为领养孩子寻找中国亲生父母提供协助，对象以国外家庭为主。

② 品牌个性：有热心、有爱心，即使有一线希望，也会付出百分之百的努力。

③ 品牌口号：暂无。

④ 传播目的：为组织的成员家庭提供一个面向中国人的网站平台，以便这些被领养孩子的信息可以在此发布，让更多的中国人能够了解；以使那些领养父母帮助自己的养子女寻找中国亲生父母的努力得到更多线索和帮助。

（5）核心信息：一些外国领养家庭正在为他们的中国孩子寻找中国亲生父母，希望你也能伸出援手！

（6）其他项目相关信息：详见"创意简报"等项目文件。

三、本项目的职业能力培养目标

在教学过程中，A轨、B轨全体教师均应清楚了解本项目教学中，应示范、点评、指导和锻炼学生掌握的职业能力目标：

（1）专业能力：

① 能够领会和掌握创意设计与品牌特征、传播目的、核心信息和受众心理等各传播要素的结合方式；

② 具备基本的网站结构和功能的分析、规划能力；

③ 初步具备网站设计风格定位的创意构思和理解、把握能力；

④ 能够根据传播要素、网站结构规划和风格定位进行主视觉创意构思，配色方案设计和首页版式布局规划，并以此为基准，贯穿运用于整个网站的设计中；

⑤ 能够进行清晰和便捷的导航设计；

⑥ 能够进行符合网站设计规范的字体设计与运用；

⑦ 具备应用html、JavaScript等脚本语言实现网站特效的可行性分析能力；

⑧ 能够判断需要由后台程序技术支持的前台页面设计表现形式；

⑨ 能够熟练运用界面设计制作软件（Photoshop）实现创意设计方案；

⑩ 能够完成网页切片的结构分析与切片；

⑪ 能够熟练运用网页制作软件（Dreamweaver）生成符合行业规范的页面；

⑫ 具备基本的CSS代码编写能力。

（2）方法能力：

① 能够熟练掌握项目运作流程；

② 能够掌握与运用相关行业规范；

③ 能够对相关资讯和素材进行搜集、整理、分析与借鉴；

④ 能够独立进行创意性思维；

⑤ 能够通过团队头脑风暴的方式激发创意；

⑥ 能够在工作中，综合与灵活运用专业知识和经验；

⑦ 能够合理制订工作计划和对进度进行有效管理；

⑧ 能够清晰、技巧地撰写与阐述设计方案；

⑨ 能够在工作过程中持续、自主地学习。

（3）社会能力：

① 能够及时和充分理解工作相关的口头和文字信息；

② 能够利用语言和文字清晰并有说服力地表达工作相关的意见与建议；

③ 能够有效地进行团队合作（沟通、包容、互补、激励）；

④ 能够根据需要，合理地组织与协调团队工作；

⑤ 能够应对工作过程中各种复杂和突发状况；

⑥ 养成关注结果，竭尽全力达成工作目标的责任感和意志力。

四、项目运作/教学流程

以标准流程为基础，根据项目的实际情况，对本项目的教学流程做了如下调整：

本项目的具体项目运作/教学流程如下：

编号	项目运作步骤/教学任务	双轨状态	课时（小时）
	明确传播要素、确定网站规划		
1	项目立项会	双轨交互	2
2	网站创意设计草案的拟订	双轨并行	16
3	网站创意设计草案初稿研讨会	双轨交互	2

续表

编号	项目运作步骤/教学任务	双轨状态	课时（小时）
4	网站创意设计草案内部修改定稿	双轨并行	8
	网站创意设计草案客户反馈确认		
5	网站设计任务说明研讨会	双轨交互	2
6	网站首页初稿设计	双轨并行	8
7	网站首页初稿研讨会	双轨交互	2
8	网站首页内部修改定稿	双轨并行	4
	网站首页设计方案客户确认		
9	网站栏目页初稿设计	双轨并行	16
10	网站栏目页初稿研讨会	双轨交互	2
11	网站栏目页内部修改定稿	双轨并行	8
	网站栏目页设计方案客户确认		
12	网站栏目页及内容页完稿设计	双轨并行	16
13	网站栏目页及内容页完稿研讨会	双轨交互	2
14	网站栏目页及内容页修改定稿	双轨并行	8
15	网站页面制作	双轨并行	24
16	撰写项目总结报告及填写评估表	双轨并行	5
17	项目总结研讨会	双轨交互	2
合计			127

注：上述流程中，灰字部分为真实项目动作过程中的"A轨"独自运作环节，未引入项目教学。根据教学实际情况，建议本教学至少在5~6周内集中安排。

五、项目运作规范和文件、表单

（1）本项目运作遵循标准的项目运作规范，包括：项目运作管理制度、工作室员工守则、信息沟通管理规范、会议管理制度。

（2）项目运作/教学中需使用的文件、表单，包括：

① 创意简报

② 网站设计工作单

③ 设计修改单

④ 项目计划及进度记录表

⑤ 设计质检表

⑥ 会议纪要

⑦ B轨阶段性工作记录

六、师生团队组成及其职责

（1）A轨教师：

① 项目负责人兼教学组长：

✓ 项目运作职责：详见"项目立项通知"

✓ 项目教学职责：

a 准备《学习指导书》，并根据实际需要，适当分配部分内容由A轨、B轨的相应教师撰写，并组织全体教师研讨、修改确定此文件；

b 讲解项目教学流程及规范；

c 负责解释项目教学所涉及各种表单、模板文件的使用办法；

d 负责筹备、组织与主持项目教学中的各次研讨会；

e 在研讨会中，负责讲解会议目的和作用，并从客户、受众和传播的角度，对学生各阶段的作品加以点评、指导；

f 参与对学生及A轨、B轨其他教师的评估；

g 汇总项目教学总结意见（A轨、B轨教师及学生三方意见），并撰写项目教学总结报告。

② 项目助理兼流程员：

✓ 项目运作职责：详见"项目立项通知"

✓ 项目教学职责：

a 参与指导教案的研讨；

b 参加项目教学中的研讨会并做会议记录，会后整理会议纪要；

c 负责项目教学中A轨、B轨的总体进度及规范化运作的跟进记录和必要时的上报；

d 负责项目教学全部文档资料的收集与整理归档；

e 参与学生评估，填写相应的评估表。

③ 美术指导/主设计师：

✓ 项目运作职责：详见"项目立项通知"

✓ 项目教学职责：

a 参与指导教案的研讨；

b 参加项目教学中的研讨会，并在会议中，从设计角度参与A轨专业教师的方案研讨与点评；根据设计的教学实施要点，对学生作品做出点评；与B轨教师和学生互动交流。

c 负责评判每组学生的阶段作品成果，并检查学生填写的"设计修改单"和反馈给B轨教师（转交给学生）；

d 参与学生评估，填写相应的评估表。

④ 设计师：

✓ 项目运作职责：详见"项目立项通知"

✓ 项目教学职责：

a 参与指导教案的研讨；

b 参加项目教学中的研讨会，并在会议中，向学生示范专业项目运作时，如何讲解设计方案；根据设计的教学实施要点，对学生作品做出点评；与B轨教师和学生互动交流。

c 负责评判每组学生的阶段作品成果；

d 参与学生评估，填写相应的评估表。

（2）B轨教师及学生：

① 指导教师：

✓ 项目运作职责：

a B轨美术指导（详见"互动媒体设计工作室各岗位职责"中相应职位的工作职责）；

b B轨质检员。

✓ 教学职责：

c 参与指导教案的研讨；

d 在项目教学期间，负责B轨学生的日常管理和组织；

e 在A、B双轨并行设计制作的阶段（非研讨会期间），完成工作任务所需的专业能力和实际工作方法上辅导学生；

f 负责检查学生"设计修改单"的填写内容正确性；

g 负责学生学习过程中以及阶段性工作结果的质量监控；

h 在项目教学研讨会上，负责与A轨专业教师沟通该阶段的学生工作状态；提出学生该阶段普遍遇到的问题并与A轨专业教师沟通；

i 根据教案设计的该阶段实施要点，引导学生提问，以保证"知识点"在以项目为依托的过程中加以传授；

j 参与学生评估，填写相应的评估表。

② 助理教师：

✓ 项目运作职责：

a B轨助理美术指导；

b B轨流程员。

（详见"互动媒体设计工作室各岗位职责"中相应职位的工作职责。）

✓ 教学职责：

a 负责收集和更新B轨学生的"项目计划及进度记录表"，并对学生工作进度和规范化运作进行监督；

b 负责收集学生每个步骤的工作结果，并及时根据规范，提交给A轨、B轨相关人员；

c 协助B轨指导教师对学生进行组织、管理与能力范围内的指导。

③ B轨主设计师（学生）：

✓ 项目运作职责：B轨小组内的主设计师（详见"项目立项通知"中相应的"主设计师"的职责）。

✓ 学习职责：在教师指导下，通过项目实践的学习，达成职业能力目标。在此过程中，虽各有"项目运作职位"侧重，但仍互为辅助，协作完成各阶段学习任务。

④ B轨设计助理（学生）：

✓ 项目运作职责：B轨小组内的设计助理/网页制作人员（详见"互动媒体设计工作室各岗位职责"中相应职位的工作职责）。

✓ 学习职责：在教师指导下，通过项目实践的学习，达成职业能力目标。在此过程中，虽各有"项目运作职位"侧重，但仍互为辅助，协作完成各阶段学习任务。

七、教学任务详述参见正文

附录2

"×××网站建设"项目教学《学习指导书》

一、课程定位

本课程是互动媒体设计与制作专业方向课程体系中第5学期——真实项目教学阶段，"互动媒体设计项目实践"这一学习领域中的第三个学习情境。

在此前的教学中，学生已经通过仿真项目教学阶段中的仿真项目练习，初步理解了项目运作的规范及流程，具备了一定的互动媒体设计制作的专业能力（包括网站页面设计制作、多媒体光盘产品界面设计及基础动画设计制作所需的专业能力），并掌握了基本的工作所需方法能力和社会能力。

通过此前学习情境——"企业交互网站设计项目"的练习，学生已经在真实的项目进度要求内，完成了中低难度级别的网站设计项目从网站策划到网页制作的全部工作任务。

本课程的任务和目的则是通过一个中等难度的真实项目，使学生在更为强化的工作状态和过程中，进一步熟悉网站设计与制作的项目运作流程、提升专业能力、锻炼方法能力和社会能力，为其后的顶岗实习，乃至进入工作岗位奠定基础。

二、本项目的职业能力培养目标

在B轨学生的学习过程中，应清楚了解本项目应学习和锻炼的职业能力目标。

（1）专业能力：

① 能够领会和掌握创意设计与品牌特征、传播目的、核心信息和受众心理等各传播要素的结合方式；

② 具备基本的网站结构和功能的分析、规划能力；

③ 初步具备网站设计风格定位的创意构思和理解、把握能力；

④ 能够根据传播要素、网站结构规划和风格定位进行主视觉创意构思，配色方案设计和首页版式布局规划，并以此为基准，贯穿运用于整个网站的设计中；

⑤ 能够进行清晰和便捷的导航设计；

⑥ 能够进行符合网站设计规范的字体设计与运用；

⑦ 具备应用html、JavaScript等脚本语言实现网站特效的可行性分析能力；

⑧ 能够判断需要由后台程序技术支持的前台页面设计表现形式；

⑨ 能够熟练运用界面设计制作软件（Photoshop）实现创意设计方案；

⑩ 能够完成网页切片的结构分析与切片；

⑪ 能够熟练运用网页制作软件（Dreamweaver）生成符合行业规范的页面；

⑫ 具备基本的CSS代码编写能力。

（2）方法能力：

① 能够熟练掌握项目运作流程；

② 能够掌握与运用相关行业规范；

③ 能够对相关资讯和素材进行搜集、整理、分析与借鉴；

④ 能够独立进行创意性思维；

⑤ 能够通过团队头脑风暴的方式激发创意；

⑥ 能够在工作中，综合与灵活运用专业知识和经验；

⑦ 能够合理制订工作计划和对进度进行有效管理；

⑧ 能够清晰、技巧地撰写与阐述设计方案；

⑨ 能够在工作过程中持续、自主地学习。

（3）社会能力：

① 能够及时和充分理解工作相关的口头和文字信息；

② 能够利用语言和文字清晰并有说服力地表达工作相关的意见与建议；

③ 能够有效地进行团队合作（沟通、包容、互补、激励）；

④ 能够根据需要，合理地组织与协调团队工作；

⑤ 能够应对工作过程中各种复杂和突发状况；

⑥ 养成关注结果，竭尽全力达成工作目标的责任感和意志力。

其他项目相关信息，详见"创意简报"等项目文件。

三、项目运作规范和文件表单

（1）本项目运作遵循标准的项目运作规范，包括：项目运作管理制度、工作室员工守则、信息沟通管理规范、会议管理制度；

（2）项目运作/学习中将使用的文件、表单，包括：

① 创意简报

② 网站设计工作单

③ 设计修改单

④ 项目计划及进度记录表

⑤ 设计质检表

⑥ 会议纪要

四、课前知识、能力准备

（1）大量浏览在线的各类网站，培养对网页美感的认识，了解网页设计的基本知识，例如什么叫点阵图和矢量图，什么叫像素，网页的基本构成（网页是由一些基本元素组成的，包括文本、图像、超链接、表格、表单、导航栏、动画、框架等）。

（2）要具备审美能力和美工功底。设计的审美观点：对比、均衡、重复、比例、近似、渐变以及节奏美、韵律美。网页的设计主要是以布局的美为标准（即网页版式风格设计）。

（3）具备使用Dreamweaver（网页编辑软件）、flash（动画制作软件）、Fireworks（网页图片编辑软件），Photoshop（图片处理软件）完成实际设计工作的能力：

① Photoshop（学习要求：必须）：学习图像处理、编辑、通道、图层、路径综合运用；图像色彩的校正；各种特效滤镜的使用；特效字的制作；图像输出与优化等，灵活运用图层风格，流体变形及褪底和蒙板，制作出千变万化的图像特效。

② Dreamweaver MX（学习要求：必须）：介绍各种窗口元素、创建文档、设置文本格式、插入图、创建Layer样式表应用。

③ Illustrator（学习要求：熟悉）：学习图形绘制的制作，在Photoshop的基础上再学它如虎添翼，效率成倍提高。

④ Fireworks MX（学习要求：熟悉）：优化网页图片，制作按钮、下拉菜单、网页徽标、分隔条、网页标题、特效文字、导航条、动画和动态响应效果及LOGO动态效果的制作，与Dreamweaver配合制作精美网页。

（4）了解HTML（超文本设计语言），学会其语法。

（5）了解CSS（层叠样式表单），它可以让你的网页更简单更美观。

（6）了解JavaScript（脚本语言）语言，如JS广告效果（焦点图、全屏广告、对联广告、菜单导航、视频播放、图片特效）、JS特效代码（JavaScript显示系统时间、鼠标跟随图片特效、网页放大缩小按钮效果等）。

五、师生团队组成及其职责

（1）A轨教师：

① 项目负责人兼教学组长：

✓ 项目运作职责：详见"项目立项通知"

✓ 项目教学职责：

a 准备《学习指导书》，并根据实际需要，适当分配部分内容由A轨、B轨的相应教师撰写，并组织全体教师研讨、修改确定此文件；

b 讲解项目教学流程及规范；

c 负责解释项目教学所涉及各种表单、模板文件的使用办法；

d 负责筹备、组织与主持项目教学中的各次研讨会；

e 在研讨会中，负责讲解会议目的和作用，并从客户、受众和传播的角度，对学生各阶段的作品加以点评、指导；

f 参与对学生及A轨、B轨其他教师的评估；

g 汇总项目教学总结意见（A轨、B轨教师及学生三方意见），并撰写项目教学总结报告。

② 项目助理兼流程员：

✓ 项目运作职责：详见"项目立项通知"

✓ 项目教学职责：

a 参与指导教案的研讨；

b 参加项目教学中的研讨会并做会议记录，会后整理会议纪要；

c 负责项目教学中A轨及B轨的总体进度及规范化运作的跟进记录，和必要时的上报；

d 负责项目教学全部文档资料的收集与整理归档；

e 参与学生评估，填写相应的评估表。

③ 美术指导/主设计师：

✓ 项目运作职责：详见"项目立项通知"

✓ 项目教学职责：

a 参与指导教案的研讨；

b 参加项目教学中的研讨会，并在会议中，从设计角度，参与A轨专业教师的方案研讨与点评；根据设计的教学实施要点，对学生作品做出点评；与B轨教师和学生互动交流。

c 负责评判每组学生的阶段作品成果，并检查学生填写的"设计修改单"和反馈给B轨教师（转交给学生）；

d 参与学生评估，填写相应的评估表。

④ 设计师：

✓ 项目运作职责：详见"项目立项通知"

✓ 项目教学职责：

a 参与指导教案的研讨；

b 参加项目教学中的研讨会，并在会议中，向学生示范专业项目运作时，如何讲解设计方案；根据设计的教学实施要点，对学生作品做出点评；与B轨教师和学生互动交流。

c 负责评判每组学生的阶段作品成果；

d 参与学生评估，填写相应的评估表。

（2）B轨教师及学生：

① 指导教师：

✓ 项目运作职责：

a B轨美术指导（详见"互动媒体设计工作室各岗位职责"中相应职位的工作职责）；

b B轨质检员。

✓ 教学职责：

a 参与指导教案的研讨；

b 在项目教学期间，负责B轨学生的日常管理和组织；

c 在A、B双轨并行设计制作的阶段（非研讨会期间），在完成工作任务所需的专业能力和实际工作方法上辅导学生；

d 负责检查学生"设计修改单"的填写内容正确性；

e 负责学生学习过程中，以及阶段性工作结果的质量监控；

f 在项目教学研讨会上，负责与A轨专业教师沟通该阶段的学生工作状态；提出学生该阶段普遍遇到的问题并与A轨专业教师沟通；

g 根据教案设计的该阶段实施要点，引导学生提问，以保证"知识点"在以项目为依托的过程中加以传授；

h 参与学生评估，填写相应的评估表。

② 助理教师：

✓ 项目运作职责：

a B轨助理美术指导；

b B轨流程员。

（详见"互动媒体设计工作室各岗位职责"中相应职位的工作职责。）

✓ 教学职责：

a 负责收集和更新B轨学生的"项目计划及进度记录表"，并对学生工作进度和规范化运作进行监督；

b 负责收集学生每个步骤的工作结果，并及时根据规范，提交给A轨、B轨相关人员；

c 协助B轨指导教师对学生进行组织、管理与能力范围内的指导。

③ B轨主设计师（学生）：

✓ 项目运作职责：B轨小组内的主设计师（详见"项目立项通知"中相应的"主设计师"的职责）。

✓ 学习职责：在教师指导下，通过项目实践的学习，达成职业能力目标。在此过程中，虽各有"项目运作职位"侧重，但仍互为辅助，协作完成各阶段学习任务。

④ B轨设计助理（学生）：

✓ 项目运作职责：B轨小组内的设计助理/网页制作人员（详见"互动媒体设计工作室各岗位职责"中相应职位的工作职责）。

✓ 学习职责：在教师指导下，通过项目实践的学习，达成职业能力目标。在此过程中，虽各有"项目运作职位"侧重，但仍互为辅助，协作完成各阶段学习任务。

六、项目运作/学习流程

编号	项目运作步骤/教学任务	双轨状态	课时（小时）
	明确传播要素、确定网站规划		
1	项目立项会	双轨交互	2
2	网站创意设计草案的拟订	双轨并行	16
3	网站创意设计草案初稿研讨会	双轨交互	2
4	网站创意设计草案内部修改定稿	双轨并行	8
	网站创意设计草案客户反馈确认		
5	网站设计任务说明研讨会	双轨交互	2
6	网站首页初稿设计	双轨并行	8
7	网站首页初稿研讨会	双轨交互	2
8	网站首页内部修改定稿	双轨并行	4
	网站首页设计方案客户确认		
9	网站栏目页初稿设计	双轨并行	16
10	网站栏目页初稿研讨会	双轨交互	2
11	网站栏目页内部修改定稿	双轨并行	8
	网站栏目页设计方案客户确认		
12	网站栏目及内容页完稿设计	双轨并行	16
13	网站栏目页及内容页完稿研讨会	双轨交互	2
14	网站栏目页及内容页修改定稿	双轨并行	8
15	网站页面制作	双轨并行	24
16	撰写项目总结报告及填写评估表	双轨并行	5
17	项目总结研讨会	双轨交互	2

注：灰字部分是项目运作流程，但不是项目教学流程。

七、参考资料或书目清单

网站名称	链接地址	网站说明
设计路上	www.sj63.com	收集的网站风格比较丰富，前卫的表现形式和设计作品集锦
阿里西西	http：//www.alixixi.com/Template/	
网页设计师加油站	http：//main.68design.net	
站酷	www.zcool.com.cn	国内新兴的设计类社区，汇聚了大量有效的设计资源和作品展示
视觉同盟	http：//www.visionunion.com/	
呢图网	http：//www.nipic.com//	
中国flash在线	http：//www.flashline.cn/	专业flash素材源码共享平台
全景正片	http：//www.quanjing.com/	中国最大的图片网站
懒人图库	http：//www.lanrentuku.com	网站设计与开发人员提高工作效率的网站（可以了解网页特效JS做参考）
蓝色理想	http：//www.blueidea.com/	

八、学习任务详述（参见正文）

附录 3
项目运作相关文件、表单模板

一、创意简报模板

创意简报

客户名称：＿＿＿＿＿＿＿＿＿＿＿＿＿＿　　　　客户行业：＿＿＿＿＿＿＿＿＿＿＿

项目名称：＿＿＿＿＿＿＿＿＿＿＿＿＿＿　　　　项目编号：＿＿＿＿＿＿＿＿＿＿＿

项目负责人：＿＿＿＿＿＿＿＿＿＿＿＿＿　　　下单日期：＿＿＿＿＿＿＿＿＿＿＿

委托服务类型：　企业网站设计　　　　□ 包括：　　　　　　　　　　　　（需要 个工作日）
（必选项，可多选）　活动网站设计　　　　□ 包括：　　　　　　　　　　　　（需要 个工作日）
　　　　　　　　活动宣传网络媒体设计　□ 包括：　　　　　　　　　　　　（需要 个工作日）
　　　　　　　　后台程序开发　　　　　□ 包括：　　　　　　　　　　　　（需要 个工作日）
　　　　　　　　富媒体创意设计　　　　□ 包括：　　　　　　　　　　　　（需要 个工作日）
　　　　　　　　常规Banner类广告创意设计　□ 包括：　　　　　　　　　　（需要 个工作日）
　　　　　　　　多媒体光盘设计制作　　□ 包括：　　　　　　　　　　　　（需要 个工作日）
　　　　　　　　Flash动画设计制作　　　□ 包括：　　　　　　　　　　　　（需要 个工作日）
　　　　　　　　企业宣传册设计制作　　□ 包括：　　　　　　　　　　　　（需要 个工作日）
　　　　　　　　企业VI系统设计　　　　□ 包括：　　　　　　　　　　　　（需要 个工作日）
　　　　　　　　活动宣传平面设计制作　□ 包括：　　　　　　　　　　　　（需要 个工作日）
　　　　　　　　活动现场展示平面设计　□ 包括：　　　　　　　　　　　　（需要 个工作日）
　　　　　　　　视频策划及前期拍摄　　□ 包括：　　　　　　　　　　　　（需要 个工作日）
　　　　　　　　视频后期剪辑制作　　　□ 包括：　　　　　　　　　　　　（需要 个工作日）
　　　　　　　　其他　　　　　　　　　□ 请详细说明　　　　　　　　　　（需要 个工作日）

讨论会议：　　　　　　　　　　　　□ 需要会议讨论，多次，详见进度计□ 无需讨论，直接设计
时间要求：详见项目进度计划　提交日期(M/D/Y)　　　　完成日期(M/D/Y)：
特殊需求：＿＿＿＿＿＿＿＿＿＿＿＿＿＿　　　设计主管签字：＿＿＿＿＿＿＿
（非必填）＿＿＿＿＿＿＿＿＿＿＿＿＿＿　如特殊需求，客户总监签字：＿＿＿＿＿＿

（请注意，以下信息为方案必需信息，如空缺项将视为无效申请。）

项目概述
填写说明：明确填写传播目的、客户品牌信息、传播的核心信息等概括或分析信息。

目标受众
填写说明：说明此次传播针对的目标受众。包括用户基本特征（如年龄、性别、地区分布等）、用户与产品相关的群体特征、受众对传播设计的喜好等。

客户要求
填写说明：客户希望通过此传播设计作品突出的推广重点,CI要求,用色配色要求,美术方面的要求和风格设计信息。

设计风格
填写说明：如果与客户已经初步沟通了设计风格定位，则在此做清晰界定。

产品信息
填写说明：客户要推广的产品现阶段的定位及影响、独特性、优势等特别信息，以及客户明确表示不需要传达的信息。

素材信息
填写说明：包括客户所提供的素材种类、内容，以及后续还可能提供的原始素材清单。

其他信息
填写说明：客户行业相关咨讯，以及客户人员掌握的一切与项目相关的信息。

二、项目立项通知模板

文件编号：LLLL-LL-DDDD-NN

项目立项通知

项目名称		项目编号	
客户名称			
项目类别		项目级别	
申请部门		立项日期	
项目周期		批准人	

项目概述

各相关部门/组任务分配：

部门/组	职责

项目组任命：

项目负责人		部门		职务	
项目组成员	部门/组	人员		工作任务概述	

_____总经理/委托代表　　　　　　　　　　　　　　　日期：_____

三、项目计划及进度记录表模板

项目名称	项目编号	责任人	任务编号	工作任务	开始日期	开始时间	结束日期	结束时间	执行人	部门	当前状况	备注	附件	传达

四、网站设计工作单模板

文件编号：＿＿＿＿＿＿＿＿

网页设计工作单

下单日期：　　　　　　　　　　　　完成日期：

项目名称	
建网目的	
需要的版本	○简体中文　○英文
网站进度要求	
制作内容	

需要的栏目			
序	一级栏目	二级栏目	栏目功能要求
1.			
2.			
3.			

序	一级栏目	二级栏目	栏目功能要求
4.			
5.			
6.			
7.			
8.			

网站**Logo**设计	
页面尺寸	
行业定位	
网站主图设计	
网站风格设计	
首页版块	
参考网站	
需要的功能模块	1. 新闻信息发布系统　　2. 产品图片展示功能　　3. 访问统计（计数器） 4. 访客留言管理功能　　5. 友情链接管理功能　　6. 投票调查管理功能 7. 在线招聘管理功能　　8. 在线报名系统　　　　9. 广告发布管理功能 10. 自定栏目管理功能　　11. 数据库在线备份功能　12. 网站信息设置管理 13. 自定页面生成系统　　14. 会员管理系统功能　　15. 模板修改管理功能 16. 站内信息检索系统　　17. 文件上传管理功能　　18. 社区论坛管理系统 选定的功能模块：_____（请填写选定的功能模块代号） （各功能模块说明详见）特殊功能要求：_____
网站制作资料	企业简介： 产品服务内容： 产品/服务图片资料：
其他设计及制作要求	
其他参考资料清单	

项目负责人		承接方签名		填表日期	

五、设计修改单模板

文件编号：LLLL-LL-DDDD-DM-DD

设计修改单

项目名称：_____ 项目编号：_____ 客户部项目负责人：_____ 设计部项目责任人：_____	下单日期：_____ 完成日期：_____ 参考资料清单：_____

修改内容：

填表人：_____   审核人：_____

接单人：_____

六、设计质检表模板

文件编号：LLLL-LL-DDDD-QC-DD

设计质检表

客户名称：_____   项目名称：_____

项目编号：_____   完成日期：_____

项目概述：_____

工作任务	质检人	签字确认	日期	备注

七、会议纪要模板

会议纪要Meeting Minutes

文件编号File No.:

会议日期Date：	会议主持Chair：
会议地点Venue：	会议记录人Recorder：
参会人员Participants：	

会议主题Subj.:

No	发言人 Speaker	议题 Topic	事项及纪要 Description & Memo	责任人 Responsible	时间结点 Deadline	追踪结果 Followup	备注 Notes

八、项目教学相关文件、表单模板

B轨阶段性工作记录模板

文件编号：LLLL-LL-DDDD-WR-DD

项目名称		教学阶段	
开始日期		完成日期	
教学班级		指导学生	
指导教师		更新日期	

本阶段学生普遍存在的问题

本阶段学生普遍提出的问题

本阶段补充教学的内容

九、项目教学总结报告模板（教师版）

文档编号：＿＿＿＿＿＿＿＿＿＿

项目教学总结报告（教师版）

项目名称：		项目编号：	
总结人：		提交日期：	
部门名称：			
学生班级：		学生人数：	
审核人：		审核日期：	

1. 对照教案，你认为本项目课程的目标达成的比率是多少（请列百分比），达成部分是什么？没达成的是什么？（请列具体条目）

2. 你认为本项目教学方案（包括方式和程序）设计的主要成功与明显缺失之处（如果存在）是什么？请做简单相关分析。

3. 你认为哪些教学环节的实施状态与效果最佳，哪些相对较差，请做简单分析。

4. 依据你的评价，整个教师团队在职责履行过程中，哪些部分的品质和成效较优，哪些相对较差，请举例说明并做简单相关分析。

5. 从你的视角看，同学们在此项目教学过程中，普遍表现出的突出优势或潜质是什么？明显弱项是什么？请做简单分析。

6. 通过参与此项目教学课程，你感受、体察到目前实施的创新的实践教学体系和双轨互动项目教学模式突出的合理和有效之处，或明显需要改善之处，请做简单分析（此问题可根据自己实际感受）。

7. 在本次项目教学中，本人的主要成绩和缺失是什么？请做相对详细的分析。

8. 与过去的教学模式和方法相比，你认为此次的项目教学的优点和劣势分别是什么？请做简单举例说明。

9. 其他相关问题及分析：

10. 意见和建议：

十、项目教学总结报告模板（学生版）

文档编号：_____

项目教学总结报告（学生版）

项目名称：		项目编号：	
总结人：		提交日期：	
部门名称：		指导老师：	
审核人：		审核日期：	

请依循以下问题的规范和引导，结合你本人在此项目中的角色和职责，撰写项目总结报告。

1. 对照学习指导书，你认为本项目课程的目标达成的比率是多少（请列百分比），达成部分是什么？没达成的是什么？（请列具体条目）
2. 你认为本项目教学方案（包括方式和程序）设计的主要成功与明显缺失之处（如果存在）是什么？请做简单相关分析。
3. 你认为哪些学习环节的实施状态与效果最佳，哪些相对较差，请做简单分析。
4. 依据你的评价，整个教师团队在职责履行过程中，哪些部分的品质和成效较优，哪些相对较差，请举例说明并做简单相关分析。
5. 从你的视角看，同学们在此项目教学过程中，普遍表现出的突出优势或潜质是什么？明显弱项是什么？请做简单分析。
6. 通过参与此项目教学课程，你感受、体察到目前实施的创新的实践教学体系和双轨互动项目教学模式突出的合理和有效之处，或明显需要改善之处，请做简单分析（此问题可根据自己实际感受）。
7. 通过本次项目的实训，本人的哪些职业能力得到明显提升，哪些提升较小或没有提升。请对照学习指导书，具体列举。综合评价自己在此次项目实训课程中的综合表现，主要优缺点分别是什么？请针对此两点做详细的根源分析。
8. 与过去的教学模式和方法相比，你认为此次的项目教学的优点和劣势分别是什么？请做简单举例说明。
9. 其他相关问题及分析：
10. 意见和建议：

十一、A 轨专业教师评估表模板

A 轨专业教师评估表

项目名称			项目编号	
教师姓名			教学班级	
评估人		类别	其他教师	评估日期

要素类别	KPI	满分分值	评估分值	分值系数	加权分值
职业素养	出勤情况（根据请假和迟到早退数据设定标准）	5			0
	工作态度上，对工作结果的关注度以及必要时加班加点的自觉性和团队协作的主动性	5			0
	对"项目运作流程和教学流程"及各项规范的熟悉程度	5			0
专业工作水准	工作的计划性、条理性及执行过程中对时间，进度的掌控程度	10		0.3	0
	与职责对应的专业能力的胜任和精通程度	15			0
教学工作水准	教学设计及准备的到位和完备度	15			0
	在专业示范和对学生作品点评时的清晰度和对应的准确度	20			0
	讲解和互动的清晰度、启发性	15			0
	课程总结的规范性和参考价值	10			0
总分			0		0

综合评语：
您认为此任课教师在哪些方面表现得很好？依据和理由是什么？
您认为此任课教师在哪些方面还需要进一步改善？依据和理由是什么？
您对此任课教师还有什么建议？

十二、B轨教师评估表模板

B轨教师评估表

项目名称				项目编号		
教师姓名				教学班级		
评估人			类别	教师互评	评估日期	

要素类别	KPI	满分分值	评估分值	分值系数	加权分值
职业素养	出勤情况	5			0
	工作态度	5			0
	项目运作流程和规范的掌控程度	5			0
专业工作水准	工作进度的掌控程度	10			0
	专业能力表现	15	0.2		0
教学工作水准	教学设计及教学准备	15			0
	教学组织和管理的有效性	20			0
	教学辅导和互动的清晰度、针对性和启发性	15			0
	课程总结的规范性和参考价值	10			0
总分			0		0

综合评语:
您认为此任课教师在哪些方面表现得很好？依据和理由是什么？
您认为此任课教师在哪些方面还需要进一步改善？依据和理由是什么？
您对此任课教师还有什么建议？

十三、学生课业评估表模板

学生课业评估表

项目名称			项目编号	
学生姓名			班级	
评估人		类别	A组教师	评估日期

要素类别	KPI	满分分值	评估分值	分值系数	加权分值
专业能力	提交的方案与项目简报中所列的各项传播要素的对应度	10		0.7	0
	提交的方案所表现的创意构思和表现能力	10			0
	完稿时，表现出的软件和其他制作、实现能力的程度	20			0
	根据课程大纲，对以往应该掌握的专业知识的综合运用能力（也是对学生以往学业完成品质程度的评估）	10			0
方法能力	设计素材和资料的收集、管理能力	5		0.3	0
	工作的计划性、条理性以及执行中对时间和进度的调控能力	5			0
	学习、分析和理解能力——方案的撰写、阐述和其他研讨互动中表现的思辨能力，和对外部的指导或引导意见（包括教师、参考资料和其他来源）的理解和接受的程度以及改进速度	5			0
	对提交的方案以及实训过程中，表现出的对流程、规范的熟悉和掌握程度	5			0
社会能力	团队合作能力：对课程实训中相关合作的积极主动性以及头脑风暴会中的表现	5		0.5	0
	工作的严谨、认真程度（是否严格按要求保质按时提交方案，实训过程中是否能自觉遵守纪律、规范）	5			0
	提交的方案、总结和其他文字表述中，反映出的对中文的表达能力，和对专业英语的辨识能力				0
	语言表达能力：方案阐述和互动研讨（包括头脑风暴时的口头表达能力）	5			0
	出勤情况	5			0
学习总结	项目总结的规范性和参考价值	5		0.5	0
总分		95	0		0

综合评语：	
您认为该学生的专业能力表现如何？	
优势和潜质	
弱点	
如何提升的建议	
您认为该学生的方法能力表现如何？	
优势和潜质	
弱点	
如何提升的建议	
您认为该学生的社会能力表现如何？	
优势和潜质	
弱点	
如何提升的建议	
您认为该学生应继续补足的知识有哪些？	

鸣谢

　　本书推介的"A、B双轨交互并行项目教学模式"，是北京电子科技职业学院艺术设计学院和北京珍珠贝国际文化交流有限公司企业，以校企合作的方式进行教改科研和教学实践的成果。在此特别感谢北京珍珠贝国际文化交流有限公司习维先生和黄睿女士，两位不仅富有企业项目管理经验，而且还具有崇高的热爱中国高等职业教育事业的敬业精神、高度的认真严谨的工作责任心，与学校教师一起全身心地投入项目教学的每个设计与实施环节，使校企合作达到有机结合；再有北京广易通广告有限公司的何畅女士和北京全景多媒体信息系统公司的王晔先生，两位专家在我们的项目教学模式和相关教学体系的创建及实践中，也都不遗余力地发挥了重要的参与、参谋和指导作用。还要提到本校2007级优秀学生梁东洋同学，由于已经具有一定的企业实习经历，所以被选任为此书引作实例的项目教学B轨助教，在整个教学实施过程中，出色地履行了自己的职责。在此，我们要对以上所提及的参与者们表示诚挚的感谢。